Birgit Vogel-Heuser
System Engineering mit SysML
De Gruyter Studium

Weitere empfehlenswerte Titel

Mechatronische Systeme
Modellbildung und Simulation mit MATLAB®/SIMULINK®
Lutz Lambert, 2022
ISBN 978-3-11-073799-8, e-ISBN (PDF) 978-3-11-073801-8,
e-ISBN (EPUB) 978-3-11-073311-2

Automatisierungstechnik
Methoden für die Überwachung und Steuerung kontinuierlicher und
ereignisdiskreter Systeme
5. Auflage
Jan Lunze, 2020
ISBN 978-3-11-068072-0, e-ISBN (PDF) 978-3-11-068352-3,
e-ISBN (EPUB) 978-3-11-068357-8

Softwareagenten in der Industrie 4.0
Birgit Vogel-Heuser, 2018
ISBN 978-3-11-052445-1, e-ISBN (PDF) 978-3-11-052705-6,
e-ISBN (EPUB) 978-3-11-052458-1

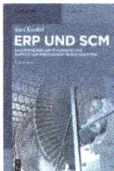

ERP und SCM
Enterprise Resource Planning und Supply Chain Management in der Industrie
9. Auflage
Karl Kurbel, 2021
ISBN 978-3-11-070118-0, e-ISBN (PDF) 978-3-11-070120-3,
e-ISBN (EPUB) 978-3-11-070148-7

Mechatronische Netzwerke
Praxis und Anwendungen
Jörg Grabow, 2018
ISBN 978-3-11-047084-0, e-ISBN (PDF) 978-3-11-047085-7,
e-ISBN (EPUB) 978-3-11-047095-6

Birgit Vogel-Heuser

System Engineering mit SysML

Mechatronische Produktionssysteme und Modellbasiertes
Engineering

DE GRUYTER
OLDENBOURG

Autor
Prof. Dr.-Ing. Birgit Vogel-Heuser
Technische Universität München
Lehrstuhl für Automatisierung und
Informationssysteme
85748 Garching
Deutschland
vogel-heuser@tum.de

ISBN 978-3-11-142929-8
e-ISBN (PDF) 978-3-11-142971-7
e-ISBN (EPUB) 978-3-11-143080-5

Library of Congress Control Number: 2024941947

Bibliografische Information der Deutschen Nationalbibliothek
Die Deutsche Nationalbibliothek verzeichnet diese Publikation in der Deutschen Nationalbibliografie;
detaillierte bibliografische Daten sind im Internet über
http://dnb.dnb.de abrufbar.

© 2025 Walter de Gruyter GmbH, Berlin/Boston
Coverabbildung: Artis777 / iStock / Getty Images Plus
Satz: VTeX UAB, Lithuania

www.degruyter.com

Inhalt

1 Einführung

1.1 Zielsetzung und Nutzen des Buches

Systemisches Denken ist gefordert, um immer komplexer werdende mechatronische Systeme zu gestalten. Die System Modeling Language (SySML) ist eine Beschreibungssprache genau für diesen Zweck. In Anlehnung an die Unified Modeling Language (UML) erlaubt sie zusätzlich die Modellierung von Anforderungen, Hardwareaspekten, Zeitverhalten – auch an der Schnittstelle zur Simulation – und das Testen. Die Entscheidung, auf modellbasiertes Engineering umzusteigen, ist teuer und damit riskant, weshalb eine effiziente Beurteilung der Eignung der SysML bzw. UML sowie eine rasche Einarbeitung erfolgskritisch sind. Der Nutzen des Einsatzes der Modellierungssprachen sowie deren Verankerung im Engineering Workflow werden in den folgenden Kapiteln weiter ausgeführt. Das Buch und das zugehörige elektronische Material mit den Modellen in der Modellierungsumgebung (Enterprise Architect) erlauben einen schrittweisen, effizienten Einstieg in die UML und SysML, der bis in die verschiedenen Facetten etwas komplexerer mechatronischer Produktionssysteme reicht. Das Buch plus Material können als Basis für Trainings, Lehrveranstaltungen inklusive Übungs- und interaktiver Formate genutzt werden, sowie als schrittweise Einführung in realistischere Modelle aus der Sicht von Herstellern mechatronischer Systeme bis zu Produktionssystemen.

Weitere Modelle für verschiedene Szenarien einer einfachen Sortieranlage (modelliert in Papyrus) sind auf GitHub verfügbar [1] und werden in den TechReports der PPU [2] bzw. xPPU [3] erläutert, die jeweils online über die Universitätsbibliothek der Technischen Universität München zugänglich sind.

1.2 UML/SysML als Beschreibungsmittel – eine Kurzübersicht

Die Unified Modeling Language (UML) ist eine grafische Modellierungssprache für den Entwurf und die Entwicklung von Software (Software Engineering). Die Systems Modeling Language (SysML) basiert auf der UML (vgl. Abbildung 1.1) und fokussiert sich auf die Modellierung nicht nur der Software eines Systems, sondern des gesamten Systementwurfs (Systems Engineering) und passt die aus der UML bekannten Dokumente für diesen Zweck an. Der „Werkzeugkasten", den UML bzw. SysML hierbei bieten, ist umfangreich. Das Buch nutzt bewusst nur einen Teil der jeweiligen Diagramme, da sich in den letzten beiden Dekaden gezeigt hat, dass nicht alle Modellierungsmöglichkeiten für mechatronische Systeme benötigt werden. Dies gilt sowohl in der industriellen Anwendung als auch in der Lehre für Studierende der Verfahrenstechnik, des Maschinenbaus, des Wirtschaftsingenieurwesens und der Informatik sowohl im Bachelor als auch im Master. Dieses Buch verzichtet zudem auf eine detaillierte Einführung von UML- bzw. SysML-Diagrammen an sich und verweist stattdessen auf die hervorragenden Bücher „UML@classroom", von Seidl et al. [4] und „A Practical Guide to SysML", von Frieden-

https://doi.org/10.1515/9783111429717-001

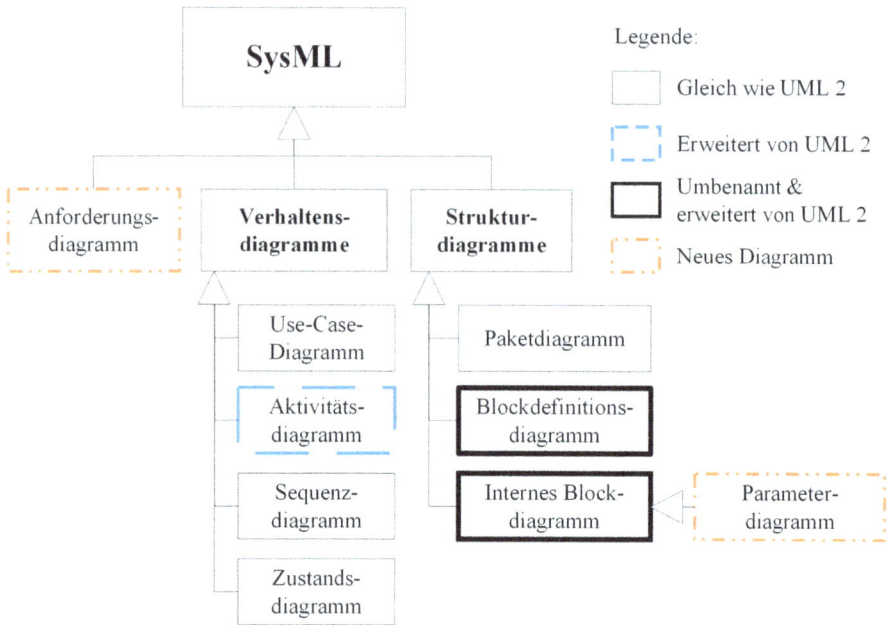

Abb. 1.1: Überblick der in SysML definierten Diagrammarten und deren Herkunft [6].

thal et al. [5]. Im Folgenden ist eine kompakte Übersicht der SysML-Diagramme inklusive deren Bezug zu entsprechenden UML-Diagrammen gegeben (vgl. Abbildung 1.1). Der SysML-Standard übernimmt aus der UML das Use-Case-Diagramm, das Sequenzdiagramm, das Zustandsdiagramm und das Paketdiagramm (vgl. Abbildung 1.1). Das Paketdiagramm wird im Folgenden nicht verwendet, weil die betrachteten Systeme sehr kompakt sind. Die SysML adaptiert bzw. erweitert bestehende UML-Modelle (z. B. Aktivitätsdiagramm; und aus dem Klassendiagramm werden das Blockdefinitionsdiagramm und das Interne Blockdiagramm abgeleitet) und führt gegenüber der UML neue Diagramme wie das Anforderungsdiagramm und das Parameterdiagramm (PAR) ein.

Im Modellbasierten System Engineering (MBSE) werden Systeme anhand eines Vorgehensmodells schrittweise modelliert, z. B. mithilfe von UML oder SysML-Modellen. Für die Entwicklung mechatronischer Produkte und Produktionssysteme orientiert sich das Buch an dem in Abbildung 1.2 dargestellten Vorgehen, angelehnt an ein Wasserfallmodell. Die dargestellte Abfolge besteht aus Verhaltensdiagrammen (lila) und Strukturdiagrammen (blau) der UML sowie der SysML (gekennzeichnet durch das SysML-Logo). Dem Wasserfallmodell folgend werden nacheinander erst die Anforderungen spezifiziert (Anforderungs- und Use-Case-Diagramm), detailliert (Sequenzdiagramm), die Systemstruktur entworfen (z. B. Blockdefinitionsdiagramm) und anschließend das Systemverhalten konzeptioniert (Aktivitäts- und Zustandsdiagramm). Das UML-Klassendiagramm (inkl. UML-Objektdiagramm) ist parallel zum Blockdefinitionsdiagramm und dem Internen Blockdiagramm (beide SysML) dargestellt, da eines das

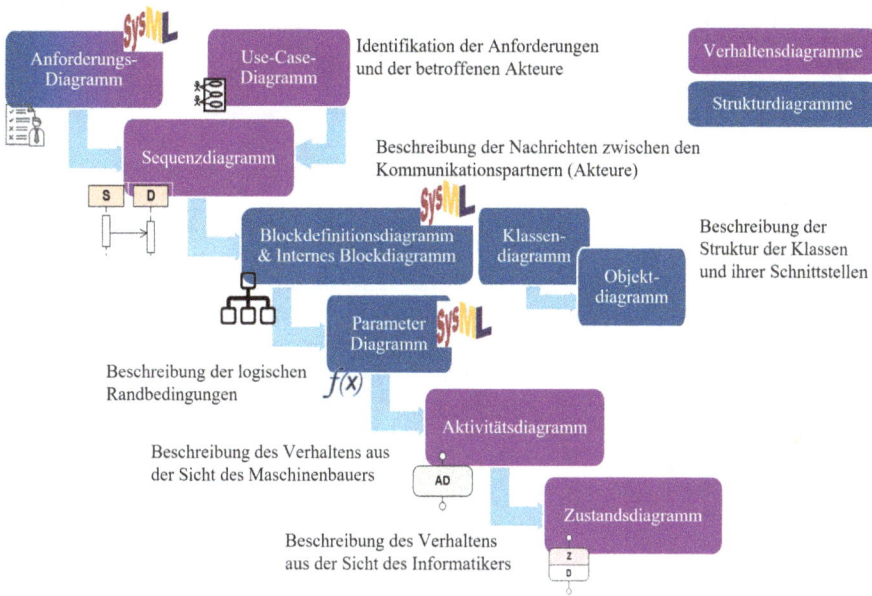

Abb. 1.2: Vorgehensmodell: Modellierungsschritte im Modellbasierten Systems Engineering (MBSE) mit UML bzw. SysML (vgl. Logos in der Abbildung).

andere je nach Modellierungsstandard, UML oder SysML, in der Abfolge ersetzen kann. Das beschriebene Vorgehen (vgl. Abbildung 1.2) wird seit einem Jahrzehnt in der Lehre angewandt und resultiert aus Forschungsvorhaben. Es handelt sich hierbei nicht um ein reines Wasserfallmodell, da während des Entwicklungsprozesses zwischen den Modellen zur Verfeinerung häufig „hin und her" navigiert wird, um Änderungen im Entwicklungsprozess mit vorherigen Diagrammen abzugleichen sowie diese bei Bedarf anzupassen. Abhängig von der Anwendergruppe und der Wiederverwendbarkeit existierender Komponenten für das zu entwickelnde System können Modellierungsschritte übersprungen oder in ihrer Reihenfolge getauscht werden. Beispielsweise könnte das Aktivitätsdiagramm bereits direkt nach dem Sequenzdiagramm entworfen werden, um das Verhalten weiter aus der Sicht des technischen Prozesses zu modellieren und danach erst die benötigten Komponenten zu definieren.

Es folgt ein kurzer Überblick über die acht, in diesem Buch verwendeten Diagramme (vgl. Diagramme in Abbildung 1.1 außer Paketdiagramm). Es werden vier Verhaltensdiagramme betrachtet (vgl. Abbildung 1.3): Das Use-Case-Diagramm eignet sich zur Identifikation möglicher externer Akteure und Anwendungsfälle (engl.: Use Cases) des Systems. Mit dem Sequenzdiagramm wird ausschnittsweise die Kommunikation zwischen Akteuren und Systemkomponenten sowie Systemkomponenten untereinander modelliert werden. Dadurch eignet es sich auch für die Beschreibung von Testabläufen für die spätere Validierung des Systems. Das Aktivitätsdiagramm veranschaulicht den gesamten Ablauf des Systemverhaltens, während das Zustandsdiagramm bereits spezi-

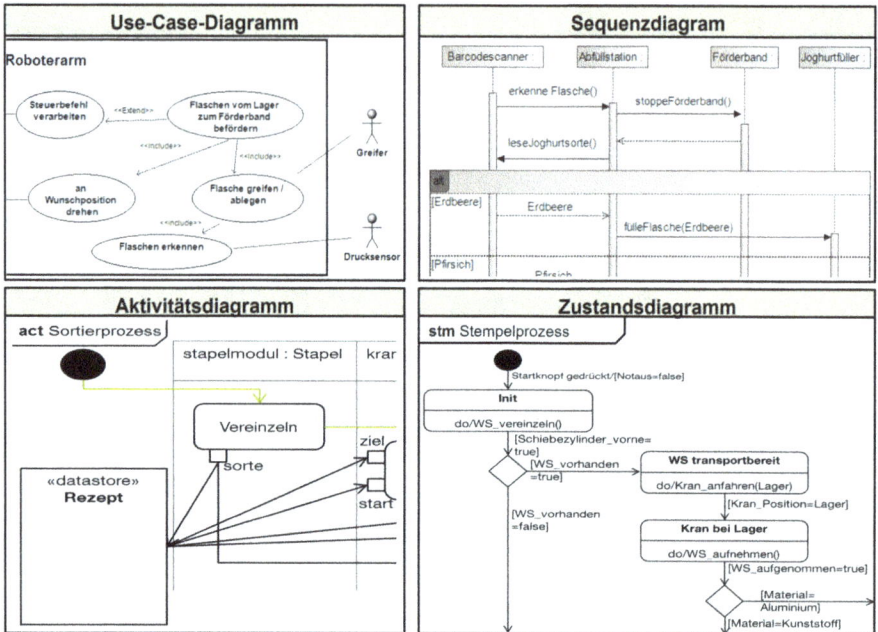

Abb. 1.3: SysML-/UML-Verhaltensdiagramme.

fische, implementierungsnahe Details enthält. Dadurch ist es möglich, direkt aus dem Zustandsdiagramm Code zu generieren oder das Modell selbst als Code auszuführen.

SysML führt zusätzlich zu Use-Case- und Sequenzdiagramm das Anforderungsdiagramm ein, um Anforderungen und deren Beziehungen untereinander strukturiert zu erfassen und sie über den Entwicklungsprozess besser nachverfolgen zu können, indem es diese mit den anderen Diagrammen (vgl. Abbildung 1.2) verknüpft. Als Strukturdiagramme bietet die SysML das Blockdefinitionsdiagramm (früher Klassendiagramm in der UML), das Interne Blockdiagramm sowie das Parameterdiagramm (PAR) (vgl. Abbildung 1.4). Das Blockdefinitionsdiagramm definiert modulare Systemkomponenten und legt so die Systemstruktur fest. Interne Komponenten, Schnittstellen (z. B. Versorgung mit Strom oder Druckluft) und Signalflüsse der Systemkomponenten werden in Internen Blockdiagrammen (IBD) weiter detailliert. Mit dem PAR können für Komponenten zudem logische Randbedingungen, Wechselwirkungen zwischen (mechanischen, elektrischen und softwaretechnischen) Systemparametern oder kontinuierliches Verhalten durch mathematische Gleichungen beschrieben werden.

Da sich die Diagramme und Modellelemente von UML und SysML teils stark überlappen (vgl. Abbildung 1.1), werden die gemeinsamen Diagramme, das Aktivitätsdiagramm sowie das Klassendiagramm in Kapitel 2 anhand der UML und einem einfachen, allgemein bekannten System, einem Paketautomat, veranschaulicht. Das SysML-Anforderungsdiagramm wird in Kapitel 3.3 im Rahmen der Testfall- und Anforderungs-

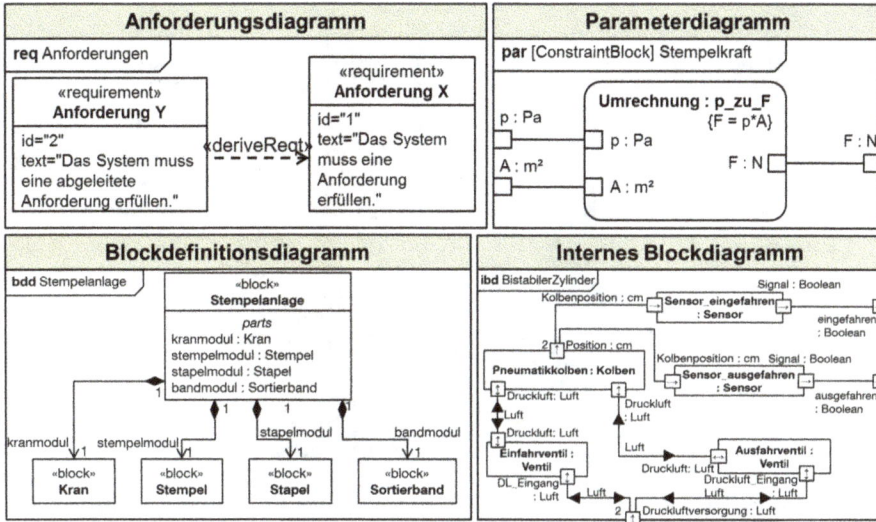

Abb. 1.4: SysML-Anforderungsdiagramm und die Strukturdiagramme (UML bietet von diesen lediglich das Blockdefinitionsdiagramm, welches in der UML „Klassendiagramm" genannt wird).

modellierung vorgestellt und verwendet. Alle weiteren SysML-Diagramme werden in Kapitel 4.1 bzw. 4.2 eingeführt. Die Notationselemente werden bei jedem Anwendungsbeispiel kurz einführend erläutert. Eine komplette Übersicht aller verwendeten Notationselemente der Diagramme befindet sich im Appendix A.

1.3 Anwendungsmöglichkeiten des Buches in Industrie, Training und Lehre in der Hochschulbildung

Die Bedürfnisse für die verschiedenen Zielgruppen dieses Buches (Industrie/Studierende, Neueinsteigende/Fortgeschrittene in der Modellierung, Neueinsteigende/Fortgeschrittene in der Softwareentwicklung) sind unterschiedlich. Hinzu kommt die Betrachtung, ob es sich um neue, erstmalige Entwicklungen handelt, beispielsweise beim Neueintritt in einen Markt, oder um Entwicklungen, die auf existierenden Modellen für Komponenten oder gar ganzen Systembestandteilen aufbauen können oder diese nur geringfügig adaptieren müssen.

Der „reinen Lehre" folgend, würden alle mechatronischen Systeme mit einem Modellbasierten Engineering-Ansatz (MDE) entwickelt. Zunächst wird ein Modell des geplanten Systems in UML oder SysML entworfen, unter Nutzung entsprechender Werkzeuge (siehe rechte Seite der Abbildung 1.5). Das Modell sollte zum wesentlichen Teil unmittelbar als Steuerungscode ablauffähig sein. Selbstverständlich wird der gesamte Steuerungscode getestet, idealerweise mit einem automatisierten Test im Werk des Herstellers. Dieser Auslieferungszustand wird als „as built" bezeichnet. In der Reali-

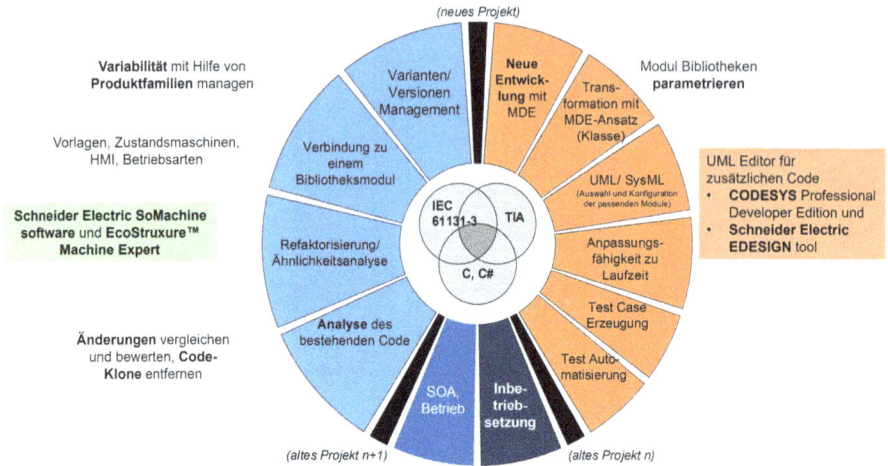

Abb. 1.5: Kontinuierliche Weiterentwicklung von SPS-basierten Software-Architekturen (Anmerkung: die in CoDeSys, Schneider oder Beckhoff eingebetteten UML-Editoren laufen in naher Zukunft aus).

tät, selbst bei Laboranlagen, werden Änderungen während des Aufbaus und der Inbetriebnahme beim Betreiber notwendig. Während des Betriebs werden Verbesserungspotenziale identifiziert, sodass die Maschine oder Anlage häufig durch Betreiberpersonal geändert wird. Diese Änderungen beim Betreiber während des Betriebs sollten dem Hersteller mitgeteilt oder von diesem erkannt werden, damit Service, Verbesserungen, Nachrüstungen und Modernisierungen in Zukunft auf dem aktuellen Dokumentationsstand erfolgen (linker, blauer Teil). Weil ein Hersteller in der Regel mehrere Maschinen ausliefert, die entsprechend betrieben und im Betrieb geändert werden, müssen alle jeweils geänderten Softwarestände analysiert, auf Ähnlichkeit und Korrektheit geprüft und ggf. in die existierenden Komponentenbibliotheken als Variante oder Version aufgenommen werden. Dabei sollten mehrere ähnliche Änderungen zusammengefasst (merging) werden, um eine möglichst geringe Zahl von Versionen pflegen zu müssen. Diese Änderungen müssen in die Modelle zurückfließen, sonst gehen sie verloren bzw. Modell und ablauffähiger Code stimmen nicht mehr überein. Diese Herausforderung existiert sowohl bei manueller als auch bei automatisierter Codegenerierung aus z. B. SysML-Modellen, wenn nachfolgend (manuelle) Änderungen direkt im Code erfolgen. Lediglich die CODESYS-basierte UML-Implementierung vermeidet diese Problematik der Inkonsistenz zwischen Modell und Code. Die UML-Diagramme selbst stellen den Code dar und existieren direkt in der Laufzeitumgebung, sodass bei einer erforderlichen Änderung das Modell direkt angepasst wird. Leider wird diese Lösung nicht weiterentwickelt und ist deshalb nicht mehr Gegenstand dieses Buchs.

Bei mehreren Zielsystemen, also mehreren Steuerungsherstellern, die von Anlagenbetreibern, also den Kunden der Maschinen- bzw. Anlagenbauer vorgeschrieben werden, besteht prinzipiell die Möglichkeit, UML-Modelle auf die verschiedene Zielplattformen zu transformieren, indem aus EA Hochsprachencode generiert wird, der auf einigen Steuerungen ablauffähig ist.

Modellbasiertes Engineering wird in der Automobilindustrie bereits stark genutzt. Der Automationsbereich holt zunehmend auf, sodass im ersten Schritt häufig mit der Analyse der existierenden System- bzw. Softwarestände angefangen wird. Dies gestaltet sich häufig schwieriger als erwartet: Wie kann die Analyse effizient durchgeführt werden, idealerweise automatisch bzw. halbautomatisch? Wie können die verschiedenen, parallel existierenden Versionen einer Softwarevariante übersichtlich dargestellt werden? Wie kann der Bezug der mechanischen, elektrischen und Software-Teilmodelle übersichtlich dokumentiert werden, um im nächsten Schritt die Komponenten bzw. Module zu standardisieren und mit diesen dann in einen MDE-Prozess mit „aufgeräumten" Softwareständen zu starten?

Auf Basis solcher „aufgeräumten" Softwarestände ist es einfacher, die am besten geeignete Softwareversion (und die zugehörigen z. B. SysML-Modelle) für neue Projekte zu finden, auf der aufgebaut werden kann. Auf den ersten Blick wäre dies die ähnlichste Software. Ein Maß für die ähnlichste Software ist schwer zu definieren, da es in der Regel mehrere Teilaspekte gibt, in denen zwei Softwaremodule ähnlich sind. Die Ähnlichkeit kann sich (vgl. Abbildung 1.6) auf verschiedene Artefakte beziehen: die Anzahl und Ähnlichkeit der Sensoren bzw. Aktoren der Module, die Anzahl der mechanischen Rutschen oder Weichen bzw. deren Anordnung oder die Ähnlichkeit der Software an sich. Die Vergleiche (Abbildung 1.6 im Gegenuhrzeigersinn) können als Familienmodelle, tabellarische Gegenüberstellungen, Vergleich des Steuerungscodeausschnitts für die Anwendungsingenieure und -ingenieurinnen, als Spirale mit Änderungen auf jeder Umdrehung oder als Softwarestädte mit unterschiedlich hohen Gebäuden und deren Nähe sowie Anordnung in Straßen für das Management dargestellt werden. Ähnliche Soft-

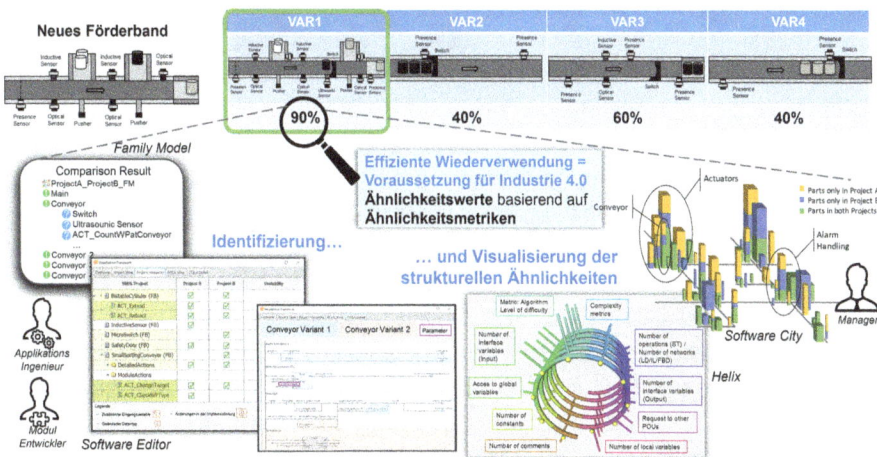

Abb. 1.6: Identifikation ähnlicher Steuerungssoftwarebausteine zur Wiederverwendung bei neuen Projekten mit Ähnlichkeitsmetriken [20].

warestände können auch auf Modellebene statt auf Codeebene gefunden werden. Dazu sind allerdings die Softwarestände zunächst in UML-Modelle zu transformieren [7]. Wenn das am besten passende Softwaremodul gefunden ist, kann es für das neue Projekt übernommen und angepasst werden.

Idealtypisch wird eine hybride Vorgehensweise gewählt: Aus den Modellen werden auf einer abstrakteren Ebene die Kombination der reengineerten Module beschrieben und anschließend für das Projekt und die jeweilige Zielplattform instanziiert.

1.4 Berücksichtigte Werkzeuge zur Modellierung

Im Laufe dieses Buches werden verschiedene Zeichenwerkzeuge und ein Modellierungstool eingesetzt, um die betrachteten Systeme in UML oder SysML abzubilden. Dieser Abschnitt stellt die verwendeten Werkzeuge mit ihren jeweiligen Stärken und Schwächen kurz vor. Die drei verwendeten Werkzeuge sind Visio, PowerPoint und Enterprise Architect (EA). Wir weisen darauf hin, dass der Großteil der Modelle in diesem Buch für den Lehrzweck, der Einarbeitung in UML/SysML für Neueinsteigende, erstellt worden ist. Dementsprechend wurde großer Wert darauf gelegt, dass die Modelle leicht anpassbar und sowohl in Vorlesungsfolien integriert als auch durch einen Beamer projiziert gut erkennbar und lesbar sind.

Zu dem Werkzeug Enterprise Architect (EA) befinden sich im Downloadbereich (Link in Appendix C) eine Kurzanleitung und die Dateien der Beispielmodelle im passenden Format zum direkten Import in das entsprechende Tool (vgl. Modellliste im Appendix B).

1.4.1 Einsatz von Visio

Das Softwaretool *Visio* von Microsoft ermöglicht das Erstellen von Diagrammen und Zeichnungen. Es unterstützt standardmäßig die Modellierung gemäß UML durch vorgefertigte Modellelemente (sog. „Shapes"), die per Drag-n-Drop in die Zeichenfläche eingefügt und miteinander verknüpft werden können. Vorgefertigte SysML-Modellelemente sind in Visio nur per Add-in eines Drittanbieters verfügbar. Die vorgefertigten Modellelemente ermöglichen ein schnelles, einfaches Erstellen der entsprechenden Modelle, ohne dass ein umfangreiches Lernen der Toolbedienung erforderlich ist. Visio bietet eine hohe Flexibilität und eignet sich besonders für Lehrzwecke, da die Modellelemente flexibel angepasst werden können, z. B. durch Vergrößern oder farbliches Hervorheben wichtiger Modellaspekte oder Notationen. Zusätzlich bietet PowerPoint eine Schnittstelle zur direkten Integration und dynamischen Anpassung von Visio-Objekten in PowerPoint. Der Nachteil von in Visio erstellen Modellen ist, dass es sich hierbei nur um Zeichnungen handelt. Verknüpfungen zwischen verschiedenen Modellen, Codegenerierung oder eine modellbasierte Anlagensteuerung können nur manuell erfolgen. Beispielsweise wird die Verknüpfung einer im Sequenzdiagramm modellierten Methode auf die entsprechende Methode im Klassendiagramm nur textuell angegeben, aber nicht automatisiert erkannt und folglich aktualisiert.

1.4.2 Einsatz von PowerPoint

Die Präsentationssoftware PowerPoint von Microsoft ermöglicht ähnlich zu Visio das schnelle und einfache Erstellen sowie das Anpassen von Zeichnungen für Lehrzwecke. Zusätzlich zu Visio bietet PowerPoint Animationsmöglichkeiten wie z. B. das schrittweise Einblenden von Teilen eines Modells. Im Gegensatz zu Visio bietet PowerPoint jedoch keine vorgefertigten UML-Modellelemente. Folglich ist – bei gleicher Vorerfahrung mit den jeweiligen Tools – die Modellerstellung mit Visio schneller und erleichtert die Einhaltung der UML-Notation.

1.4.3 Nutzen von Enterprise Architect für Hochsprachensoftware

Enterprise Architect (EA) [8] ist eines der am weitesten verbreiteten Modellierungstools. Zurzeit sind weltweit mehr als eine Million Lizenzen aktiv [9]. EA basiert auf dem UML-Standard, unterstützt aber auch die Modellierung in SysML. Neben vorgefertigten Modellelementen bietet EA die Möglichkeit, Modellelemente aus verschiedenen Diagrammen miteinander zu verlinken, um so auch komplexe Systeme nachvollziehbar zu modellieren. Aus einzelnen Diagrammarten (z. B. Klassen- und Zustandsdiagramm) kann EA direkt Code (-strukturen) generieren (z. B. in C++ oder Java) und so den Entwicklungsaufwand sowie mögliche Inkonsistenzen beim manuellen Erstellen von Code anhand von Diagrammen reduzieren. Aufgrund der vielen Modellierungs-, Analyse- und Codegenerierungsmöglichkeiten, die EA bietet, ist der Lernaufwand für das Tool höher und es ist somit weniger für eine schnelle Skizzierung eines Modells geeignet. Die Darstellung der Modelle ist vereinheitlicht und nicht so frei für Lehrzwecke anpassbar, wie es z. B. in PowerPoint oder Visio möglich wäre. Während Studierende über die Universität häufig Programme wie PowerPoint und Visio kostenlos nutzen können, ist die kostenlose Testlizenz von EA zeitlich befristet und benötigt nach Ablauf der Frist eine kommerziell erworbene Lizenz.

1.4.4 Einsatz von UML für Automations- bzw. Steuerungssoftware

Automations- und Steuerungssoftware wird derzeit im Wesentlichen noch in den fünf etablierten Programmiersprachen der IEC 61131-3 erstellt. Neben den textuellen Sprachen „Strukturierter Text" (ST) und Anweisungsliste (engl.: Instruction List, IL) umfasst die IEC 61131-3 drei graphische Programmiersprachen: Ablaufsprache (engl.: Sequential

Function Chart, SFC, vgl. Abbildung 1.7 Mitte), Kontaktplan (engl.: Ladder Logic, LL) und Funktionsbausteinsprache (engl.: Function Block Diagram, FBD). FBD ist in Deutschland und Europa sehr verbreitet, Kontaktplan ist in Amerika der Standard.

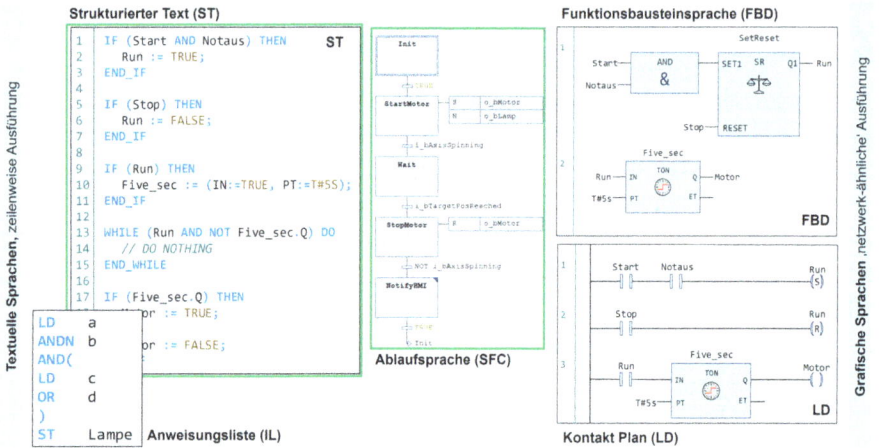

Abb. 1.7: IEC61131-3 konforme Steuerungssoftware für Speicherprogrammierbare Steuerungen.

In Schneider Electrics' SoMachine sind Metriken zur Bewertung und Überwachung der Qualität einzelner Programmbausteine (z. B. Klassen) gemäß der PLCopen-Richtlinie, integriert. Die Metriken unterstützen Anwendungsentwickler dabei, erprobte Bausteine (Programmcode, Teilmodelle mit hoher Reife) zu identifizieren (z. B. über das Ampelprinzip) und wiederzuverwenden (vgl. Abbildung 1.8).

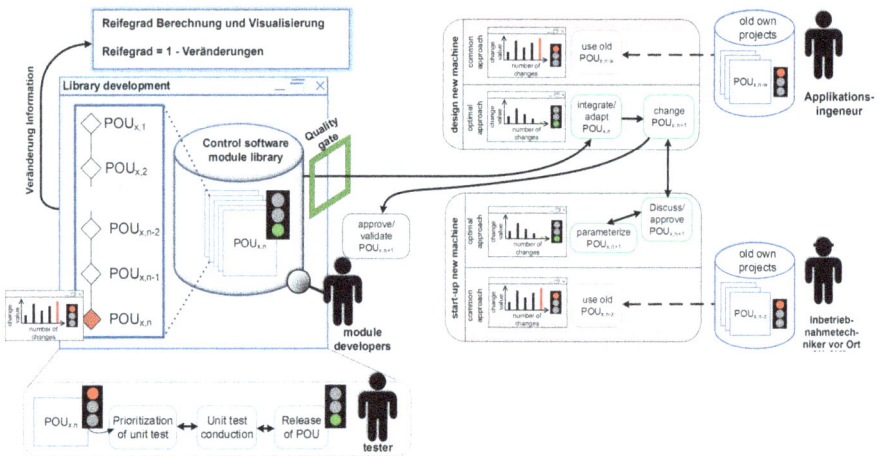

Abb. 1.8: Reifegradmessung von sich entwickelnden Bibliothekselementen und -modulen [21].

Die Berechnung des Reifegrads eines Softwarebausteins basiert auf der Annahme, dass Bausteine, die bereits lange existieren und vielfach eingesetzt und getestet wurden, eine hohe Qualität aufweisen. Für jeden Softwarebaustein der Moduldatenbank wird dazu der Verlauf der Änderungen über der Zeit bewertet (Abbildung 1.9, rechts unten). Die Änderungen sind in der Regel über die Ankopplung an das Versionsmanagementwerkzeug zugänglich. So können sie beispielsweise bei der Pflege von Modulbibliothek, der Freigabe eines Bausteins nach Änderungen oder bei der gezielten Wiederverwendung erprobter und standardisierter Bausteine bei der Inbetriebnahme eingesetzt werden. Die Wiederverwendung bestehender Bausteine spart Aufwand in der Modellierung, Programmierung sowie der Qualitätssicherung der Bausteine.

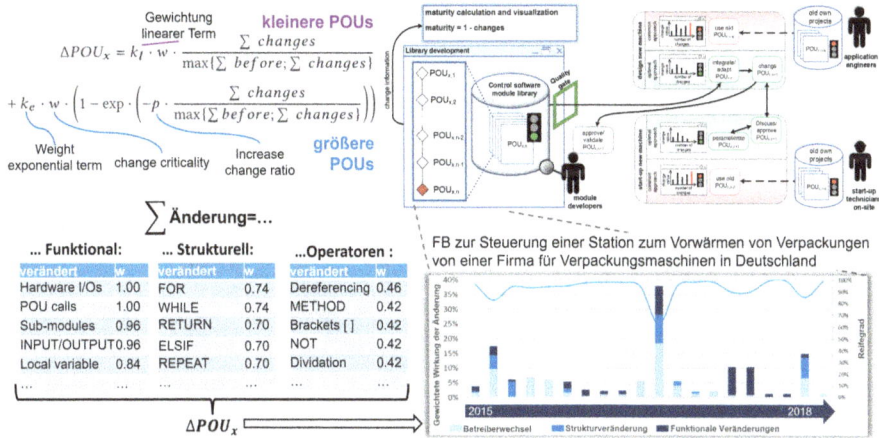

Abb. 1.9: Reifegradentwicklung eines Bibliothekselements und -modules über der Zeit (unten rechts: Verlauf über mehr als drei Jahre, oben links; genutzte Metrik, unten links: klassifizierte Änderungen unterschieden nach funktionalen, strukturellen Änderungen und Änderung von Software-Operatoren).

Eine noch detailliertere Analyse der Änderungen von einer Version zur nächsten (Abbildung 1.10) kann direkt im Steuerungscode angezeigt werden, getrennt nach den Kriterien funktional, strukturell und Änderung des benutzten Operators im Code (Abbildung 1.9 links unten und Abbildung 1.10 rechts).

Mit diesem Ansatz kann die Entwicklung der Modulbibliotheksbausteine nach Änderungen überwacht werden und auch zwei parallel durchgeführte, funktionsgleiche Änderungen dahin gehend geprüft werden, welche von beiden in den Standard aufgenommen und beim nächsten Versionsrelease genutzt werden sollte. Damit steht ein Instrument zur Verfügung, mittelfristig die Codequalität stabil zu halten. Diese Bausteine sind dann die Basis für die Konfiguration von Steuerungssoftware durch Parametrierung von freigegebenen Bibliotheksbausteinen ggf. auch für Steuerungen verschiedener Hersteller. Einige Steuerungshersteller unterstützten die Integration von Hochsprachencode. In diesem Fall kann aus UML- oder SysML-Modellen erzeugter Hochsprachen-

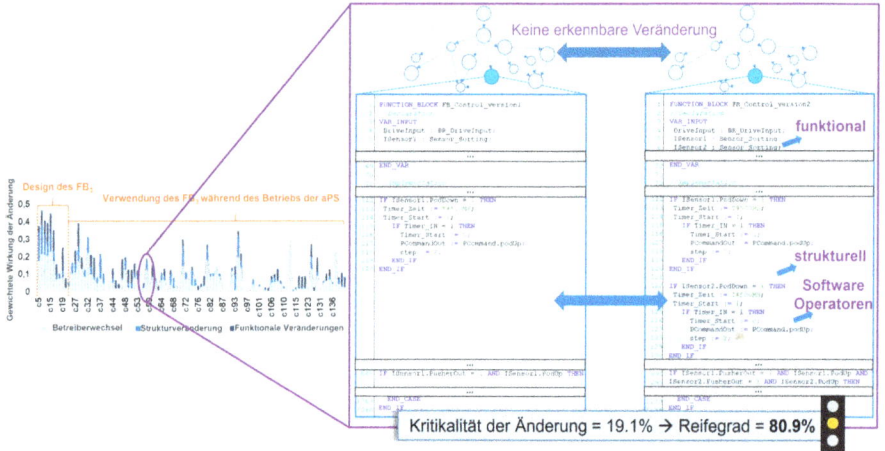

Abb. 1.10: Klassifizierung von Codeänderungen in Hinblick auf ihre Kritikalität (links: Änderungen in Summe, rechts: Unterteilung der Änderungen in funktional, strukturell und Software-Operatoren [21]).

code in die Automatisierungsprogramme eingebunden werden. In der Regel bleiben diejenigen Programmteile, die für Wartungsarbeiten wesentlich sind, in den klassischen grafischen IEC 61131-3 -Sprachen, um den Zugang für Techniker oder Facharbeiter zu vereinfachen.

2 Top-down-Modellierung einer Packstation mit UML

In diesem Abschnitt wird der schrittweise Entwurf eines Systems nach dem Top-down-Prinzip, vom Generellen zum Speziellen gezeigt. Dieses bietet sich bei nahezu komplett neuen Systemen (Prototypen, Greenfield Anlagen) an. Die Entwicklungsschritte werden anhand von UML-Modellen veranschaulicht, beginnend mit der Anforderungserhebung, über die Konzeptionierung bis hin zur Detailentwicklung und im Falle von CoDeSys-basierten Systemen auch deren Implementierung. Das System, das entwickelt werden soll, ist eine Packstation, an der ein Kunde Pakete abholen und abgeben kann. Hier wird bewusst ein allgemein bekanntes Beispiel mit geringer Komplexität gewählt, damit die UML-Diagramme auch für einen Einsteiger logisch aufeinander aufbauen und gut verständlich sind. Eine Packstation ist grundsätzlich ein mechatronisches System, bei dem auch die Hardware eine entscheidende Rolle bei der Erfüllung aller Anforderungen spielt. Das System wird zunächst allgemein betrachtet, bevor konkret auf die Software-Sicht fokussiert wird. Die Hardware mit Sensoren und Verkabelung, sowie verbauten Rechnern werden nicht im Detail untersucht. Der Softwareentwurf basiert auf einem objektorientierten Ansatz, weshalb die im Software-Modell verwendeten Komponenten einen direkten Bezug zu realen Hardware-Elementen haben können.

Zum Verständnis des Beispiels wird in Abbildung 2.1 eine Konzeptgrafik der Packstation und ihrer Schnittstellen zu Interaktionspartnern (Akteuren) gezeigt.

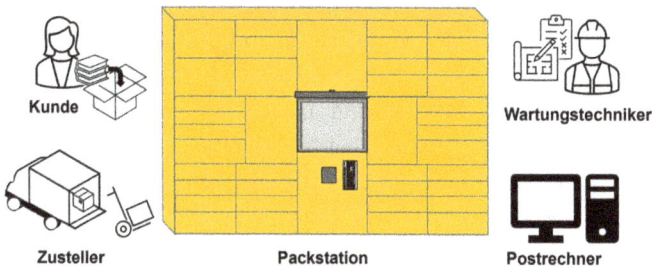

Abb. 2.1: Konzeptgrafik der Packstation, mit Fokus auf die Akteure, die auf das System Einfluss nehmen.

Eine Packstation kann mit unterschiedlichen Detaillierungsgraden modelliert werden. Im Folgenden wird das Vorgehen gemäß des oben beschriebenen Vorgehensmodells: (Abbildung 1.2) verwendet (jedoch ohne Diagramme aus der SysML-Erweiterung) und die Diagramme werden entsprechend nacheinander eingeführt. Um bei Entwicklungsanfang die Anforderungen vollständig zu definieren, muss festgelegt werden, wo die Systemgrenzen liegen, mit wem oder was die Packstation interagiert und welche Aktionen die Packstation ausführen soll. Zur ausführlicheren Darstellung kann ein UML Use-Case-Diagramm (siehe Abbildung 2.2) erstellt werden.

Das Use-Case-Diagramm definiert Anwendungsfälle (engl. Use Cases) zur Veranschaulichung der unterschiedlichen Interaktionsmöglichkeiten zwischen Nutzern

https://doi.org/10.1515/9783111429717-002

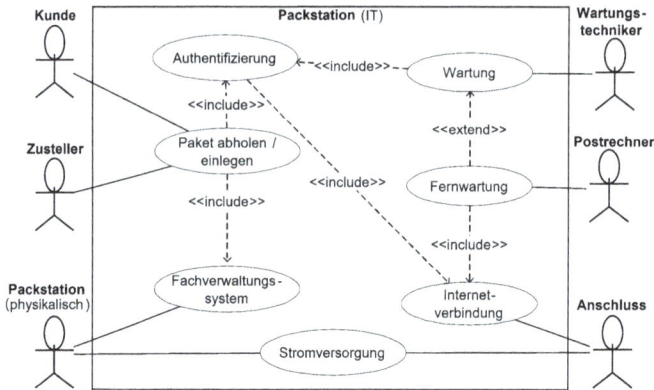

Abb. 2.2: Use-Case-Diagramm der Packstation aus Softwaresicht.

(Akteuren) und einem System. In Abbildung 2.2 ist das System die Packstation. Die Systemgrenzen dieser werden durch eine fett gezeichnete, rechteckige Box gekennzeichnet. Akteure, die als Strichmännchen dargestellt werden, repräsentieren Nutzer, die mit dem System interagieren. Als Nutzer können Personen (z. B. „Kunde"), Organisationen (z. B. Amazon oder DHL), oder auch externe Systeme (z. B. „Postrechner") modelliert werden. Nutzer beeinflussen das System durch Anwendungsfälle, die durch horizontale Ovale gekennzeichnet werden (z. B. „Authentifizierung"). Anwendungsfälle können zudem intern miteinander assoziiert sein. Achtung: der Begriff Nutzer ist hier verwirrend. Der Bediener der Packstation ist ein Nutzer und wird im Folgenden als Akteur bezeichnet. Der Betreiber der Packstation ist ebenfalls der Nutzer, aber auf einer anderen Ebene. Die «include»-Beziehung zwischen „Fernwartung" und „Internetverbindung" bedeutet, dass der Use-Case „Fernwartung" den Use-Case „Internetverbindung" miteinschließt. Die «extend»-Beziehung zwischen „Fernwartung" und „Wartung" bedeutet, dass der Use-Case „Fernwartung" den Use-Case „Wartung" unter bestimmten Voraussetzungen erweitert. Alle Notationselemente des Use-Case-Diagramms sind im Appendix A.1.1 zusammengefasst. Zwei Übungsaufgaben zu Use-Case-Diagrammen sind in Kapitel 5.1.1 und 5.2.1 zu finden.

Das Use-Case-Diagramm kann genutzt werden, um die Kommunikation zwischen Stakeholdern zu vereinfachen. Da es allerdings nur die übergeordneten Anwendungsfälle des Systems und somit wenige Informationen über genaue Abläufe enthält, ist es oft nötig, die einzelnen Use-Cases des Use-Case-Diagramms durch Sequenzdiagramme zu detaillieren. Zu jedem Use-Case aus Abbildung 2.2 gehört mindestens ein Sequenzdiagramm, um die Abläufe der Interaktionen zu beschreiben. Das Sequenzdiagramm für den Use-Case „Paket einlegen" ist in Abbildung 2.3 zu sehen.

Der Akteur, der im Use Case „Paket einlegen" mit der Packstation interagiert, ist der Zusteller. Ein Sequenzdiagramm modelliert die Interaktionen zwischen Objekts sowie die Reihenfolge dieser Interaktionen.

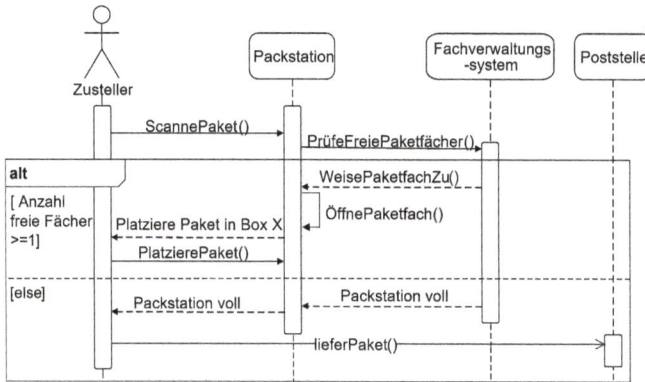

Abb. 2.3: Sequenzdiagramm des Use Cases „Paket einlegen", das die Interaktion zwischen Zusteller und Packstation spezifiziert.

> Es wird angemerkt, dass in diesem Zusammenhang mit dem Begriff „Objekte" gemäß UML2.5-Spezifikation konkrete Personen oder physikalische Gegenstände bezeichnet werden, keine Schablonen.

Das Sequenzdiagramm ermöglicht einem Entwickler, neue Anforderungen für ein System zu definieren oder bereits existierende Prozesse grafisch darzustellen. Ein Sequenzdiagramm besteht aus Objekten, die als Rechtecke mit Bezeichnungen mit Doppelpunkt und Unterstrich zur Kennzeichnung einer konkreten Instanz dargestellt werden. Jedes Objekt besitzt eine sogenannte Lebenslinie, die vom Objekt aus vertikal nach unten gezeichnet wird. Um zu demonstrieren, dass ein Objekt aktiv ist, wird auf der Lebenslinie eine Aktivitätsbox gezeichnet. Alternative Abläufe oder Schleifen können mit einem Rechteck mit der Bezeichnung „alt" oder „loop" definiert werden. Ein Beispiel für einen alternativen Ablauf ist in Abbildung 2.3 dargestellt. Zuerst sendet der Zusteller den Befehl „Scanne Paket()" an die Packstation. Als Reaktion dazu sendet die Packstation den Befehl „Prüfe freie Paketfächer()" an das Fachverwaltungssystem. Das darauffolgende Rechteck, mit „alt" gekennzeichnet, definiert einen alternativen Ablauf. Ist die Anzahl der freien Fächer größer gleich eins, so wird die obere Sequenz ausgeführt. Falls dies nicht der Fall ist, wird die untere Sequenz ausgeführt. Die Bedingungen für die alternativen Abläufe sind auf der linken Seite der Box in eckigen Klammern ausgedrückt. Die gestrichelte horizontale Linie trennt die alternativen Sequenzen. Es sind auch alternative Abläufe mit mehr als zwei Alternativen möglich. Pfeile, die zwischen Aktivitätsboxen gezeichnet werden, repräsentieren die Kommunikation zwischen Objekten. Eine gefüllte Pfeilspitze zeigt an, dass die Nachricht synchron ist: Der Absender muss auf eine Antwort warten, um weiter arbeiten zu können. Asynchrone Nachrichten, bei denen keine Antwort erwartet wird, werden mit nicht ausgefüllten Pfeilspitzen modelliert. Bei asynchronen Nachrichten kann der Absender nach der Kommunikation direkt zur nächsten Aktion übergehen. Gestrichelte Linien bezeichnen eine Antwortnachricht. Die zulässigen Symbole des Sequenzdiagramms sind in Appendix A.1.2 zusammengefasst. In

Kapitel 5 finden sich zwei Übungsaufgaben zu Sequenzdiagrammen (vgl. Aufgaben 5.1.2 und 5.2.2).

Das monolithische System Packstation wird zunächst in benötigte Komponenten zerteilt. Neben der Packstation selbst werden noch die Objekte Fachverwaltungssystem und Poststelle eingeführt. Der Zusteller möchte ein Paket in die Paketstation einlegen. Je nachdem, ob die Packstation schon voll ist, soll sich der Ablauf der Funktion ändern. Abbildung 2.3 wurde aus funktionaler Sicht mit Blick auf die Software modelliert. Der Use-Case „Paket einlegen" schließt den Use-Case „Authentifizieren" ein (vgl. Abbildung 2.2). Deshalb wird in Abbildung 2.4 ein weiteres funktionales Sequenzdiagramm für den Use-Case „Authentifizieren" gezeigt.

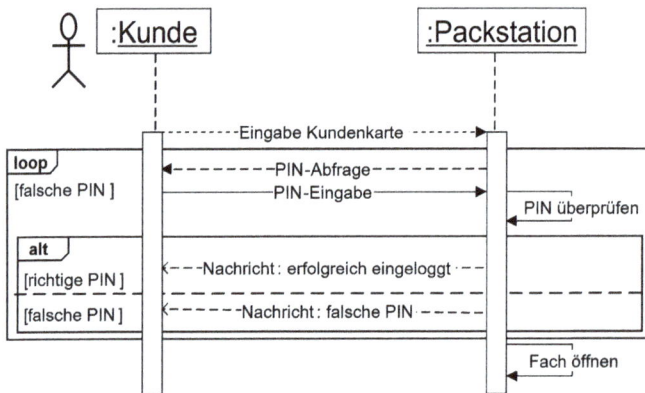

Abb. 2.4: Sequenzdiagramm des Use Cases „Authentifizieren", das wiederum in den Use Case „Paket abholen" eingeschlossen ist (Anmerkung: die Klammern nach den Interaktionsnamen sind nicht zwingend).

Im Use Case „Authentifizieren" kommuniziert diesmal der Kunde mit der Packstation. Der Prozess besteht aus einer Schleife, die einen alternativen Ablauf beinhaltet. Unter der Bezeichnung „loop" und „alt" steht die Bedingung zur wiederholten bzw. alternativen Ausführung in eckigen Klammern. Mit diesem Sequenzdiagramm soll demonstriert werden, dass sich auch komplexere Sequenzlogik damit ausdrücken lässt. In Abbildung 2.4 soll kontinuierlich die PIN überprüft werden, solange diese falsch ist.

Sequenzdiagramme eignen sich gut zur Modellierung von Methodenlogik. Allerdings werden Sequenzdiagramme bei mehreren sequenziell ablaufenden Schritten schnell unübersichtlich. Da Sequenzdiagramme Anwendungsfälle, also Anforderungen, detaillieren, werden diese häufig auch zur Testfallbeschreibung genutzt (siehe Abschnitt 3.3). Um aber zum Beispiel den gesamten Ablauf der Interaktion zwischen Kunde und Packstation zu zeigen, wird ein weiteres Modell benötigt. Dafür eignen sich Aktivitätsdiagramme besonders gut. Aktivitätsdiagramme werden häufig von Ingenieuren bevorzugt, da dieses das Verfahren und die Technologie der technischen Produktionsprozesse wollen. Das Aktivitätsdiagramm erlaubt eine gute Darstellung der beabsichtigten Abläufe, ohne alle Details modellieren zu müssen, wie den konkreten Sensor und dessen Reaktionen oder auch den konkreten Aktor. Der Ablauf der Interaktion zwischen Kunde und Packstation wird in Abbildung 2.5 gezeigt. Der Kunde wird zunächst gefragt, ob er ein Paket aufgeben oder abholen möchte. Je nach Entscheidung wird ein entsprechender alternativer Ablauf ausgeführt.

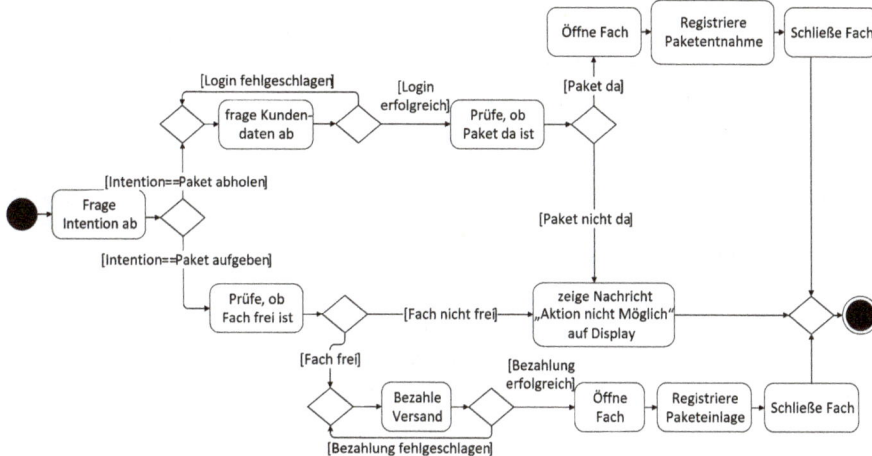

Abb. 2.5: Aktivitätsdiagramm, das die Logik der Interaktion von Kunde und Packstation detailliert.

In einem Aktivitätsdiagramm werden die vom System ausgeführten Aktivitäten abgebildet. Aktivitätsdiagramme bieten mehrere Vorteile. Zum einen liegt der Fokus stärker auf der Logik und das Diagramm kann somit eine erste Grundlage für die eigentliche Entwicklung des Systems sein. Zum anderen erlaubt die einfache Verständlichkeit des Modells die Modellierung von abstrakteren Abläufen, zum Beispiel Geschäftsprozesse. Es ist so zugleich hilfreich, um disziplinübergreifende Kommunikation zu fördern. Das Aktivitätsdiagramm wird von einigen Unternehmen bereits seit Längerem zur Detailabstimmung mit dem Endkunden über das Systemverhalten verwendet.

Jedes Aktivitätsdiagramm besitzt einen Start- und Endknoten. Der Startknoten wird durch einen ausgefüllten Kreis repräsentiert, während der Endknoten mit einem umrandeten ausgefüllten Kreis dargestellt wird. Start- und Endknoten geben zum einen die Leserichtung des Modells an. Zum anderen erlauben diese Knoten aber auch die Formulierung von Sub-Aktivitätsdiagrammen. Die Aktivitäten selbst werden mit gerundeten Rechtecken dargestellt und mit einer Aktion beschriftet (z. B. „Öffne Fach" in Abbildung 2.5). Die Verknüpfung von Aktivitäten wird mit Pfeilen realisiert. Rauten repräsentieren einen Entscheidungsknoten. Die Konnektoren, die von Entscheidungsknoten wegzeigen, werden mit Bedingungen für die Entscheidungsknoten beschriftet. Je nach Auswertung dieser Bedingung ändert sich der Ablauf der Aktivitäten. So kann komplexere Logik abgebildet werden. Durch Entscheidungsknoten alternative Kontrollflüsse müssen durch einen entsprechenden Knoten wieder zusammengeführt werden (ebenfalls Rautensymbol). Ein weiterer, großer Vorteil von Aktivitätsdiagrammen ist die Darstellung paralleler Abläufe. Im UML-Standard gibt es für diesen Zweck eine Synchronisierungsleiste, die aber in diesem Diagramm nicht verwendet wurde, um die Anzahl der verschiedenen Modellierungselemente zunächst gering zu halten. Ein Aktivitätsdiagramm kann eine Aktivität ausführen, die durch ein zusätzliches detailliertes Aktivitätsdiagramm repräsentiert wird. Nachdem der Endknoten dieses untergeordneten Aktivitätsdiagramm erreicht wird, springt der Logikfluss wieder in das übergeordnete Aktivitätsdiagramm. Die Notationselemente des Aktivitätsdiagramms sind in Appendix A.1.3 zusammengefasst. Übungsaufgaben zu Aktivitätsdiagrammen sind die Aufgaben 5.2.3, 5.3 und 5.4.

> **!** In diesem Buch wird eine Aktivität im Aktivitätsdiagramm zunächst als Imperativ eines Verbs modelliert, um die Aktivität zu unterstreichen und damit vom Zustandsdiagramm abzugrenzen. Später, wenn der Unterschied erlernt wurde, ist dies nicht mehr notwendig.

Das Verhalten während eines Use Cases ist in einem Aktivitätsdiagramm gut auslesbar, jedoch fehlt zum Beispiel die Information, wie die Hardware oder Software genau strukturiert werden soll. Im nächsten Schritt sollen Informationen über die Struktur und Architektur des Systems modelliert werden. In diesem Fall kann ein UML-Klassendiagramm effektiv eingesetzt werden. Das Klassendiagramm für den Softwareentwurf (vgl. Abbildung 2.6) stellt das System Packstation in den Mittelpunkt. Die Packstation aggregiert weitere Klassen, wie das Fachverwaltungssystem, den Authentifizierer und den Nachrichtenspeicher.

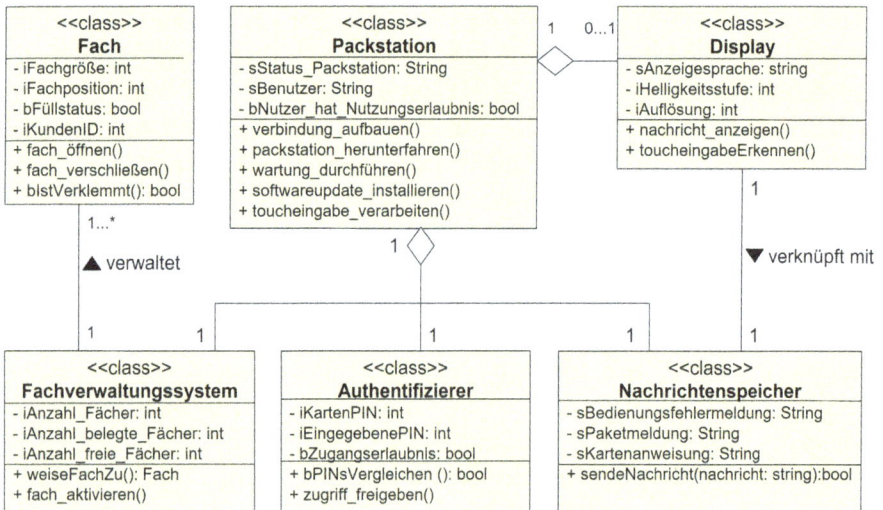

Abb. 2.6: Klassendiagramm der Packstation und dessen untergeordneten Module (Symbole vgl. Abbildung 2.7).

Klassendiagramme zeigen die Struktur des Systems und alle beteiligten Komponenten und deren statische Beziehungen. Eine Klasse entspricht einer Schablone, mit der Objekte gezeichnet (instanziiert) werden können. Die Klassenbildung mittels Generalisierung (Verallgemeinerung) ähnlicher Objekte zu einer Klasse ist eines der wesentlichen Prinzipien der Objektorientierten Entwicklung. Für jede Klasse werden ein eindeutiger Name (oberes Feld der Klasse z. B. „Fach"), Attribute (d. h. Eigenschaften; dargestellt im mittleren Feld der Klasse) sowie Methoden (d. h. Funktionen oder Aktionen, die eine Klasse ausführen kann; dargestellt im unteren Feld der Klasse) aufgelistet. Klassen können in Beziehungen zueinander stehen, die im Klassendiagramm durch entsprechende Symbole (vgl. Abbildung 2.7) gekennzeichnet werden. Dass die Packstation aus maximal einem Display besteht, wird durch eine Aggregation (leere Raute) sowie die Kardinalität „0...1" beim Display modelliert. Kardinalitäten zeigen die Multiplizität der Beziehung, wie z. B. dass bei der Assoziation zwischen Fach und Fachverwaltungssystem ein Fach von genau einem („1") Fachverwaltungssystem verwaltet wird und ein Fachverwaltungssystem mindestens ein Fach zum Verwalten benötigt (1...* bedeutet eins bis beliebig viele Fächer).

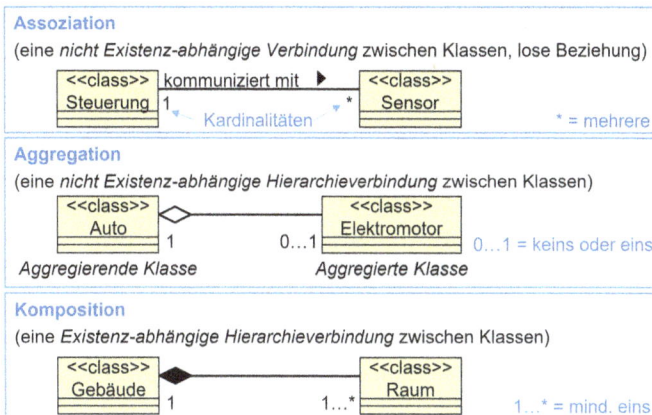

Abb. 2.7: Beziehungen zwischen Klassen im Klassendiagramm.

Das Zerteilen eines Systems in verschiedene Klassen ist Voraussetzung für einen objektorientierten Entwicklungsansatz. Außerdem ermöglicht die Beschreibung von Datentypen und Funktionen in einem Klassendiagramm die Definition von Schnittstellen innerhalb des Systems und zwischen Komponenten. Die Schnittstellen werden strikt formuliert, um die Zusammenarbeit von mehreren Disziplinen und Entwicklern zu ermöglichen, während die tatsächliche Implementierung frei bleibt.

Ein Klassendiagramm wird aus verschiedenen Klassen aufgebaut, die als rechteckige Boxen gezeichnet werden. Die Box einer Klasse ist normalerweise in drei horizontale Abschnitte unterteilt. Der obere Teil enthält die Bezeichnung der Klasse und ggf.

die Kennzeichnung des benutzten Stereotyps (einer Art Schablone, die die Klasseneigenschaften noch weiter eingrenzt). Die Bezeichnung „«class» Packstation" bedeutet beispielsweise, dass es sich um eine nicht weiter eingegrenzte Klasse „class" mit der Bezeichnung „Packstation" handelt. Der Mittelteil enthält die Attribute der Klasse. Es befinden sich hier Eigenschaften, die im Format „Zugriffsmodifikator Name:Datentyp" aufgelistet werden (z. B. „- sBenutzer: String"). Der Zugriffsmodifikator beschreibt, wer auf das jeweilige Attribut zugreifen kann. Öffentliche Attribute (+) können von jedem gelesen und geschrieben werden, geschützte Attribute (#) können nur von Eltern- und Kindklassen gelesen und geschrieben werden, während private Attribute (-) nur von der Klasse selbst gelesen und geschrieben werden können. Als Datentyp werden oft spezifische Datentypen aus Programmiersprachen verwendet (z. B. float, int, string, bool; s. Abbildung 2.6). Je nach Programmiersprache haben die Datentypen unterschiedliche Bedeutungen, Schreibweisen oder Implikationen, weshalb es wichtig ist, die Bezeichnungen konstant zu halten. Der untere Teil der Klasse beinhaltet Methoden der Klasse in einem ähnlichen Format: „Zugriffsmodifikator Name:Rückgabedatentyp". Ein Beispiel aus Abbildung 2.6 ist „+verbindung_aufbauen()". In diesem Fall wurde der Rückgabedatentyp nicht explizit angegeben, was bedeutet, dass die Methode keinen Rückgabewert liefert (void).

Klassen stehen häufig in Beziehung zueinander. In Abbildung 2.6 sind zwei Beziehungsarten abgebildet. Eine Aggregationsbeziehung zwischen Klassen wird durch eine nicht-ausgefüllte Raute angezeigt, wie z. B. die Beziehung zwischen den Klassen „Packstation" und „Display". In einer Aggregationsbeziehung „aggregiert" die Klasse, auf die die Raute zeigt, die zweite Klasse. Die Klassen befinden sich dann auf unterschiedlichen Hierarchieebenen. Durch die Aggregationsbeziehungen zeigt das Klassendiagramm in Abbildung 2.6, dass jede Packstation ein Fachverwaltungssystem, Authentifizierer, Nachrichtenspeicher, und in manchen Fällen auch ein Display besitzt. Die Beziehungen sind aber nicht existenzabhängig, also kann ein Display auch ohne eine Packstation existieren. Eine unidirektionale Assoziation ist eine Linie zwischen zwei Klassen, die mit Richtungspfeil versehen ist, wie z. B. die Beziehung zwischen den Klassen „Fach" und „Fachverwaltungssystem". Der Richtungspfeil signalisiert dem Menschen, wie die Assoziationsbeziehung zu lesen ist und beschreibt die Richtung des Zugriffs. So kann man für Abbildung 2.6 sagen, dass ein Fachverwaltungssystem verschiedene Fächer verwaltet. Die Fächer sind aber in diesem Fall nicht unter dem Fachverwaltungssystem angeordnet, beziehungsweise sind sie nicht Teil des Fachverwaltungssystems. Die Kardinalitäten an den Klassenbeziehungen signalisieren, wie viele Objekte der jeweiligen Klasse minimal und maximal miteinander agieren (z. B. 1...* steht für 1 bis beliebig viele). Beispielsweise verwaltet ein Fachverwaltungssystem mindestens eins aber beliebig viele (je nach Instanziierung) Fächer. Fächer wiederrum werden von genau 1 Fachverwaltungssystem verwaltet. Dass das Display optional ist, ist an seiner Kardinalität 0...1 zu erkennen: Die Packstation hat entweder 0 oder 1 Display. Die Notationselemente des Klassendiagramm sind in Appendix A.1.4 zusammengefasst.

Klassendiagramme abstrahieren Objekte und repräsentieren eine generalisierte Struktur des Systems. Sie eignen sich aber nicht dafür, auszudrücken wie viele Fächer eine Instanz der Packstation (zum Beispiel eine „Packstation Nummer 183" an der Musterstraße 21) besitzt. Um eine real existierende Instanz zu beschreiben, kann ein Objektdiagramm verwendet werden. Ein Objektdiagramm bildet genau eine Instanz eines Klassendiagramms ab. Ein Beispiel dafür, mit Bezug auf das Klassendiagramm in Abbildung 2.6, wird in Abbildung 2.8 dargestellt.

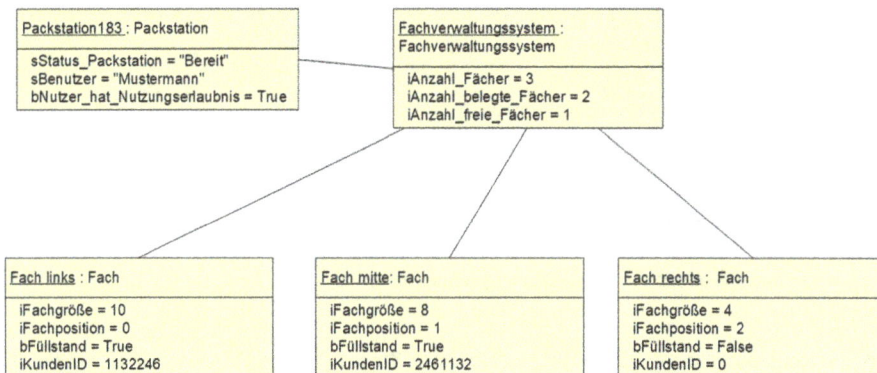

Abb. 2.8: Objektdiagramm das eine Instanz der Packstation namens „Packstation183" abbildet.

In dem Objektdiagramm wird eine Instanz der Packstation beschrieben, die durch den Namen „Packstation183" gekennzeichnet wird. Hier aggregiert die zentrale Klasse „Packstation" aus Abbildung 2.6 ein Fachverwaltungssystem. Statt einer Wahl von 1 bis n Fächern (siehe Abbildung 2.6), hat dieses Fachverwaltungssystem eine Assoziation mit genau drei Fächern, die als „Fach links", „Fach mitte" und „Fach rechts" bezeichnet sind. Die Fächer haben verschiedene Größen und Füllstände, was sich an ihren Attributen auslesen lässt. Dieses Objektdiagramm soll nur ein einfaches Beispiel aufzeigen. Deshalb wird darauf verzichtet, die Instanzen der Klassen Authentifizierer, Nachrichtenspeicher und Display zu visualisieren. In Kapitel 3.1.1 wird noch ausführlicher über die Anwendung, ihre Fähigkeiten und Vorteile von Objektdiagrammen berichtet. Die Notationselemente des Objektdiagramms sind in Appendix A.1.5 zusammengefasst. Die Übungsaufgaben 5.5 und 5.6.1 adressieren Klassendiagramme.

Nachdem die Softwarestruktur mithilfe des Klassendiagramms genau beschrieben wurde, fehlt noch eine präzise Schilderung des Softwareablaufs. Eine grobe Beschreibung des Ablaufs wurde bereits mit dem Aktivitätsdiagramm in Abbildung 2.5 erreicht, allerdings enthält das Aktivitätsdiagramm nicht genügend Informationen, um die anforderungsgerechte Entwicklung des Verhaltens zu ermöglichen. Hierfür bietet sich das UML-Zustandsdiagramm an. Das Zustandsdiagramm wird von Softwareentwicklern bevorzugt, weil alle Informationen enthalten sind, die zur Softwareerstellung notwendig sind. Es gibt verschiedene Werkzeuge, die aus Zustandsdiagrammen automatisch Quell-code bzw. ablauffähige (executable) Zustandsdiagramme erzeugen. Ein Beispiel für den Ablauf der Funktion „bPINsVergleichen()" der Klasse „Authentifizierer" des Klassendia-gramms (vgl. Abbildung 2.6) wird in Abbildung 2.9 abgebildet.

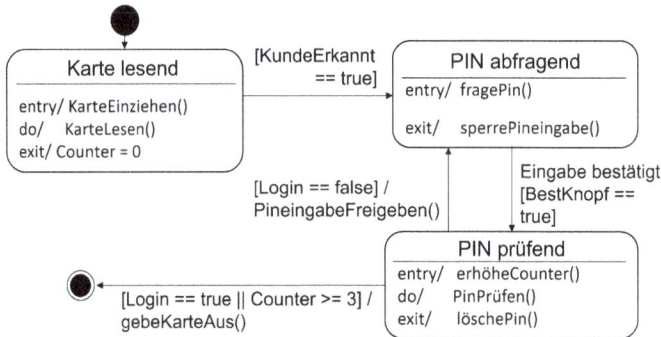

Abb. 2.9: Zustandsdiagramm der Funktion „bPINsVergleichen()".

Ein Zustandsdiagramm bildet in erster Linie Zustände und Transitionen zwischen diesen Zuständen ab. Es eignet sich besonders gut dafür, das konkrete Verhalten eines Objekts bzw. einer Klasse zu beschreiben. Innerhalb der Transitionen und Zustände lässt sich der Softwareablauf, der den Softwareanforderungen entspricht, deutlich ab-bilden. So wird in Abbildung 2.9 klar festgelegt, dass der Kunde genau drei Mal den PIN falsch eingeben darf, bevor ein Fehler gemeldet wird und die Karte ausgegeben wird. Das Zustandsdiagramm kann sowohl für eine Klasse von Geldautomaten (oder Automaten allgemein) gelten, als auch für einzeln konkrete Geldautomaten, solange al-le Geldautomaten sich entsprechend verhalten.

Ein UML-Zustandsdiagramm besteht aus Zuständen wie „Karte lesend", die durch Rechtecke mit abgerundeten Ecken dargestellt werden. Zwischen Zuständen werden Transitionen durch Pfeile gekennzeichnet. Die Pfeile werden mit den Transitionsbedin-gungen, die zwischen den verbundenen Zuständen gelten, beschriftet. In Abbildung 2.9 wird von Zustand „Karte lesend" zu „PIN abfragend" geschaltet, sobald die Bedingung „[Kunde erkannt == true]" erfüllt ist. Neben einer Transitionsbedingung können auch Transitionsaktionen aufgerufen werden. Die Transitionsaktion (z. B. „PineingabeFrei-geben()") wird während der Transition von einem Zustand zum anderen einmal ausge-führt. Die Aktionen innerhalb eines Zustands werden in drei Arten unterteilt. Die Entry-Aktionen werden nur einmal beim „Eintritt" in den Zustand ausgeführt. Exit-Aktionen werden auch nur einmal vor dem Verlassen des Zustands ausgeführt. Do-Aktionen wer-den zyklisch ausgeführt, bis eine Transitionsbedingung erfüllt wird. Diese drei Arten von Aktionen werden auch in den Schritten der Ablaufsprache (SFC) der IEC 61131-3 ge-nutzt.

> In diesen ersten Kapiteln wird ein Zustand in einem Zustandsdiagramm bewusst mit der adjektivierten Form eines Verbs modelliert, um diesen von der Aktivität (Imperativform des Verbs) im Aktivitätsdiagramm abzugrenzen. !

Die Notationselemente des Zustandsdiagramms sind in Appendix A.1.6 zusammengefasst. Übungsaufgaben dazu sind 5.6.2 sowie 5.7 bis 5.10.

Durch das sukzessive Erstellen von Use-Case, Sequenz-, Aktivitäts-, Klassen-, und Zustandsdiagrammen wurde gemäß der am Anfang gestellten Anforderungen eine Packstation entworfen. Der gesamte Entwicklungsprozess folgt dem Top-down-Ansatz. Zuletzt wird getestet, ob die Anforderungen, die am Anfang formuliert wurden, auch erfüllt sind. Dazu werden Testszenarien in Sequenzdiagrammen modelliert.

Es wird definiert, welcher Wert bei einer Eingabe des Nutzers (hier als Strichmännchen angedeutet) erwartet wird, damit der Test als erfolgreich bewertet werden kann. Im Sequenzdiagramm für das Testszenario „Paketstation öffnet Fach automatisch" in Abbildung 2.10 ist die Eingabe vom Nutzer der Funktionsaufruf „öffneFach()". Damit das Testszenario erfolgreich abläuft, muss das Fach innerhalb von 30 s offen sein. Bei einem Timeout (>30 s) ist der Test fehlgeschlagen. Um zu beweisen, dass eine Implementierung alle Anforderungen erfüllt, muss für jede Anforderung ein ähnliches Sequenzdiagramm erstellt und anschließend die Implementierung nach jedem Testschema in den Sequenzdiagrammen getestet werden.

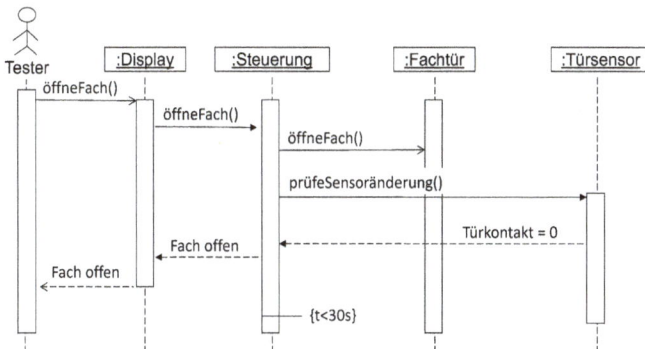

Abb. 2.10: Sequenzdiagramm für das Testszenario "Paketstation öffnet Fach automatisch".

UML-Diagramme sind nicht nur begleitende Diagramme während Anforderungserhebung, Entwurf und zur Dokumentation. Sie können teils auch direkt als Basis für die Implementierung darstellen. Es kann zum Beispiel ein Code-Gerüst aus Klassendiagrammen und Zustandsdiagrammen mit der Modellierungssoftware Enterprise Architect (EA) oder anderen Werkzeugen generiert werden. Um die Codegenerierung beispielhaft zu demonstrieren, wird das in Abbildung 2.11 dargestellte Klassendiagramm, das auf Abbildung 2.6 basiert, mit reduzierter Komplexität verwendet.

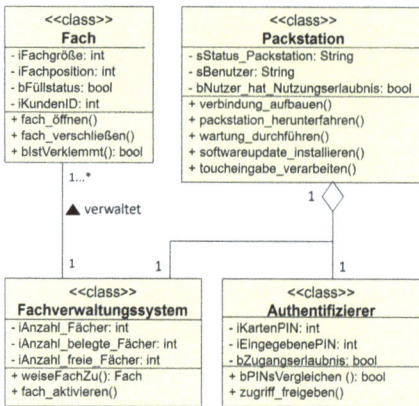

Abb. 2.11: Klassendiagramm der Packstation mit reduziertem Umfang.

Abb. 2.12: Code, der aus dem Klassendiagramm mittels Enterprise Architect generiert wurde.

EA bietet die Möglichkeit, aus Klassendiagrammen ein Code-Gerüst in verschiedenen Sprachen zu generieren (vgl. Abbildung 2.12), in diesem Fall C++.

Die Klasse „Packstation" wird im C++-Code auch als Klasse angelegt, genauso wie alle Attribute und Methoden. Die Beziehungsarten Assoziation und Aggregation zu anderen Klassen werden als Pointer realisiert. Im rechten Teil von Abbildung 2.12 ist der Implementierungsteil der Methoden der Packstation zu sehen. Die Codegenerierung bildet zwar die Struktur im Code ab, die Details aber noch manuell ausprogrammiert werden.

Auch aus Zustandsdiagrammen in EA kann automatisch Code erzeugt werden. Das soll anhand eines einfachen Beispiels gezeigt werden. Das Zustandsdiagramm in EA (Abbildung 2.13) entspricht dem Zustandsdiagramm der Funktion „bPINsVergleichen()" (Abbildung 2.9).

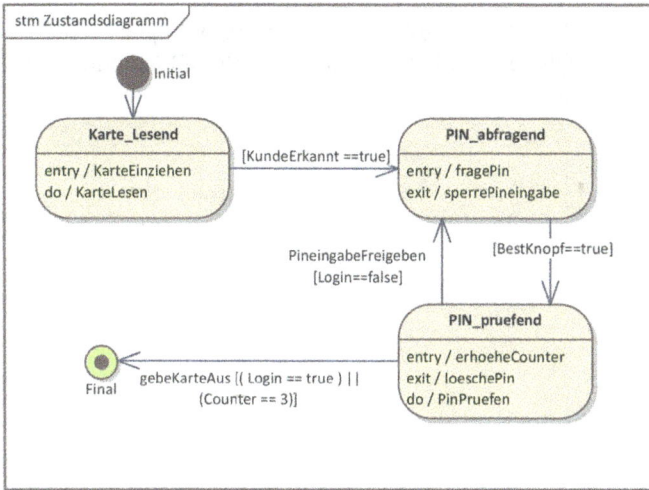

Abb. 2.13: Zustandsdiagramm der Funktion „bPINsVergleichen()".

```
310   bool Authentifizierer::Zustandsdiagramm_Karte_Lesend_behavior(StateBehaviorEnum behavior)
311   {
312       switch (behavior) {
313           case ENTRY:
314           {
315               //Hier Entry-Aktion einfügen
316               StringStream ss;
317               ss << "[" << m_sInstanceName << ":" << m_sType << "] Entry Behavior: "
318               << "Zustandsdiagramm_Karte_Lesend " << endl;
319               GlobalFuncs::trace(ss.str());
320           }
321               break;
322           case DO:
323           {
324               //Hier Do-Aktion einfügen
325               StringStream ss;
326               ss << "[" << m_sInstanceName << ":" << m_sType << "] Do Behavior: "
327               << "Zustandsdiagramm_Karte_Lesend " << endl;
328               GlobalFuncs::trace(ss.str());
329           }
330               break;
331           case EXIT:
332           {
333               //Hier Exit-Aktion einfügen
334               StringStream ss;
335               ss << "[" << m_sInstanceName << ":" << m_sType << "] Exit Behavior: "
336               << "Zustandsdiagramm_Karte_Lesend " << endl;
337               GlobalFuncs::trace(ss.str());
338           }
339               break;
340       }
341
342       return true;
343   }
```

Abb. 2.14: C++-Code für Zustand „Karte lesend", der aus dem Zustandsdiagramm mittels EA generiert wurde.

Aus dem Zustandsdiagramm der Funktion „bPINsVergleichen()" kann mit EA der folgende C++-Code generiert werden (Abbildung 2.14).

Der generierte Code enthält ein Gerüst, auf dem genaue Logik aufgebaut werden kann, jedoch besteht keine komplette Funktionalität. So bieten UML-Diagramme einen Weg, Entwicklungszeit zu sparen.

3 Modellierung eines evolvierenden automatisierten Produktionssystems mit UML

In diesem Abschnitt werden UML-Diagramme eingesetzt, um die Bottom-up-Entwicklung einer Sortieranlage, der sogenannten Pick-and-Place Unit (PPU) zu unterstützen. Die PPU ist eine Demonstratoranlage, die abstrahierte Werkstücke bewegt und bearbeitet. Die Prozesse, die dazu verwendet werden, entsprechen den stark vereinfachten Sortierprozessen aus industriellen Anlagen. Die Demonstatoranlage wird später erweitert, um neue Anforderungen zu erfüllen. Dieser Prozess ist typisch im Maschinen- und Anlagenbau aufgrund der langen Betriebsphase und wurde für die Demonstratoranlage nachempfunden. Zu Beginn besteht die PPU (vgl. Abbildung 3.1) aus vier Teileinheiten (vgl. Abbildung 3.2).

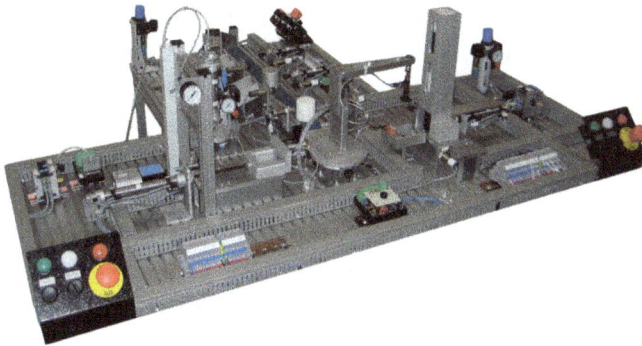

Abb. 3.1: Abbildung der Demonstratoranlage PPU.

Der „Stack" (1) beinhaltet einen vertikalen Speicher für die Werkstücke und kann durch das horizontale Ausfahren eines Zylinders Werkstücke zum weiteren Transport zur Verfügung stellen. Der „Crane" (4) verfügt über Hebe- und Drehfähigkeiten sowie einen Sauggreifer zum Transport des Werkstücks. Bei Betrieb hebt der „Crane" das vom „Stack" bereitgestellte Werkstück an und transportiert es entweder zum „Stamp" (3) oder zum „LargeSortingConveyor" (2). Am „Stamp" wird das Werkstück fiktiv bearbeitet, indem es mehrere Sekunden lang von einem Zylinder gepresst wird. Der „LargeSortingConveyor" ist ein Förderband, das für den Transport von Werkstücken verantwortlich ist. Die Werkstücke werden abhängig von ihrem Werkstücktyp in eine von drei Rampen sortiert. Dies wird durch mehrere Zylinder realisiert, die durch Ausfahren die Werkstücke vom Band schieben. Zunächst gibt es drei Arten von Werkstücken: metallische Werkstücke, Werkstücke aus weißem und schwarzem Plastik.

Das Modell der PPU, das im Weiteren evolviert werden soll, wird zunächst mit einer Top-down-Systematik vorgestellt, entsprechend der Vorgehensweise des vorhergegangenen Kapitels. Die funktionale Struktur der PPU wird in einem UML-Klassendiagramm

https://doi.org/10.1515/9783111429717-003

Abb. 3.2: Ausschnitt aus einem Modell der PPU. Die Teileinheiten sind nummeriert 1) Stack 2) LargeSorting-Conveyor 3) Stamp 4) Crane.

in Abbildung 3.3 abgebildet. Es wurde die Entscheidung getroffen, jede funktionale Einheit (z. B. „Crane") als eigene Klasse im Klassendiagramm zu betrachten. Funktionen, die auf einer höheren Ebene ablaufen, um den Gesamtprozess der PPU zu steuern, werden erst einmal nicht betrachtet. Der Fokus liegt auf den Schlüsselfunktionen der Teileinheiten, wodurch der „Stamp" nur eine Funktion *stampWP* für den gesamten Stempelprozess hat. Es wird eine sogenannte Enumeration der Werkstücktypen (WPType) definiert, gekennzeichnet durch den stereotyp „«enumeration»". Enumerationen dienen zur Modellierung bzw. Programmierung von verschiedenen, qualitativen Eigenschaften. Diese beschreibt, welche Arten von Werkstücken es gibt, und kann so im Rest des Modells als Variablentyp verwendet werden. Der Werkstücktyp bestimmt zahlreiche Abläufe in den Teileinheiten, wie zum Beispiel, ob der „Crane" das Werkstück erst zum „Stamp" oder zum „LargeSortingConveyor" befördert. Um die Komplexität des Modells gering

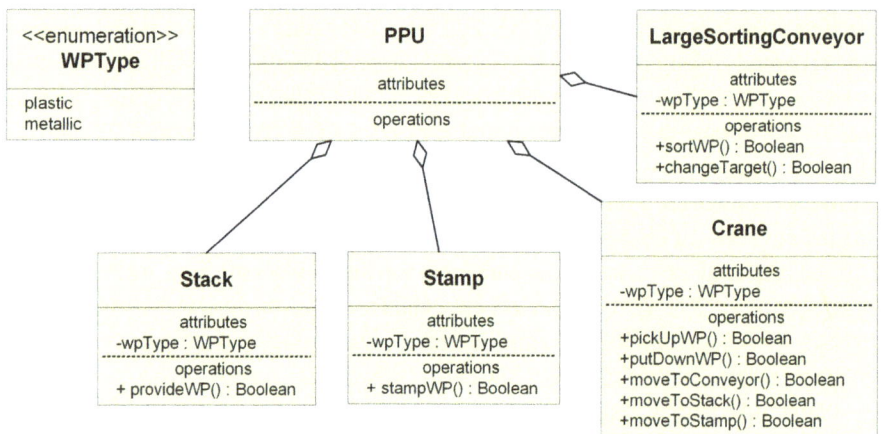

Abb. 3.3: UML-Klassendiagramm, das die funktionalen Teileinheiten der PPU modelliert.

zu halten, wurde die Modellierungsentscheidung getroffen, dass der Werkstücktyp bei allen Teileinheiten als Attribut angelegt wird und bei Übergabe des Werkstücks von einer Einheit zur nächsten mitgeschrieben wird. So würde zum Beispiel der „Crane" nach Anheben eines Werkstücks beim „Stack" sein Attribut „wpType" gleich dem Attribut „wpType" des Stacks setzen. Auch zu bemerken ist, dass im Vergleich zu vorherigen Klassendiagrammen, Klassen nicht mehr explizit mit dem Ausdruck «class» beschriftet sind. Nach UML-Standard 2.5.1 ist für jeden „classifier" ein Schlüsselwort nötig, das dessen Metaklasse angibt. Diese Anforderung gilt allerdings nicht für die Metaklasse «class», weshalb es genauso gültig ist, die Beschriftung wegzulassen. In diesem Buch werden beide Arten von Klassendiagrammen vorgestellt, da auch in der Praxis Klassendiagramme unterschiedlich aussehen je nach Domäne, in der Sie angewendet, oder Werkzeug, in dem sie erstellt werden.

Ein Klassendiagramm enthält wichtige Informationen zur Struktur und Hierarchie, kann aber nur wenig über die Abläufe einzelner Funktionen aussagen. Dafür werden oft Aktivitätsdiagramme verwendet. In Abbildung 3.4 wird der Ablauf der Gesamtfunktionalität der PPU gezeigt, wobei die Aktivitäten hier nicht direkt mit Methoden der Klassen in Abbildung 3.3 verkoppelt sind. Es wird stattdessen vorgestellt, dass die aggregierende Klasse „PPU" Methoden ihrer Komponenten sukzessiv aufruft, um ein Werkstück in die richtige Rampe zu sortieren. Zu Beginn wird das Werkstück am Lager („Stack") charakterisiert. Schwarze Werkstücke werden direkt mit dem Kran zum Förderband

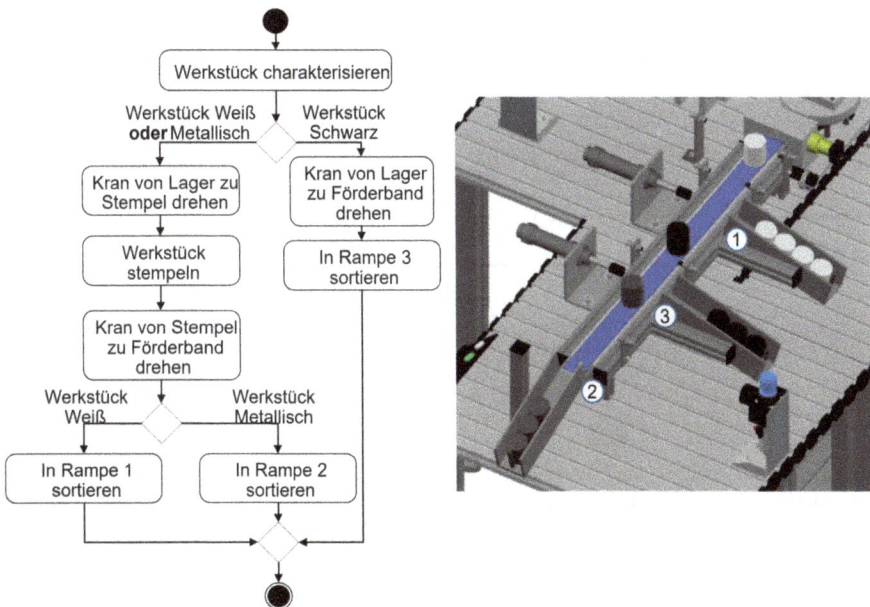

Abb. 3.4: Aktivitätsdiagramm, das den Gesamtablauf der PPU beschreibt (links) sowie eine Visualisierung der drei verschiedenen Sortierziele, die am Ende erreicht werden können (rechts).

transportiert. Weiße oder metallische Werkstücke werden erst zum Stempel befördert, dort verarbeitet und erst dann zum Förderband transportiert. Abschließend werden die Werkstücke nach Typ in unterschiedliche Rampen sortiert. Mit dem Aktivitätsdiagramm gibt der Verfahrensentwickler einen groben Überblick der Anlagenabläufe und somit einen ersten Entwurf des gewünschten Verhaltens, ohne ein hohes Verständnis der Steuerungssoftware zu benötigen.

Aktivitätsdiagramme können auf verschiedenen Detail-Levels erstellt werden. Für die Aktivität „Werkstück charakterisieren" in Abbildung 3.4 wird als Beispiel dafür ein weiteres Aktivitätsdiagramm in Abbildung 3.5 erstellt. Dieses Aktivitätsdiagramm nutzt Parallelitätsbalken, um parallele Prozesse darzustellen. Nach dem Ausschieben des Werkstücks am „Stack" werden gleichzeitig das Material (ob metallisch oder Plastik) und die Farbe (ob schwarz oder weiß) bestimmt. Anschließend wird erst dann weiter geschaltet, wenn beide Funktionen abgelaufen sind und gleichzeitig der Kran bereitsteht.

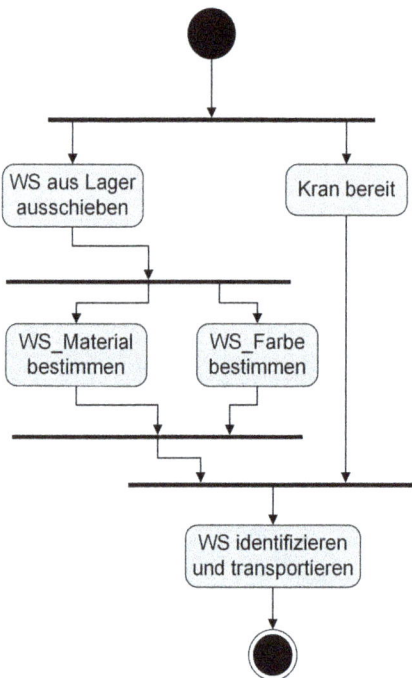

Abb. 3.5: Aktivität „Werkstück charakterisieren", zusammengesetzt aus Material und Farbe bestimmen.

> **i** *Anmerkung für Steuerungsentwickler:* Das Aktivitätsdiagramm ähnelt einem IEC 61131-3 Programm in Ablaufsprache (SFC). Auch diese werden häufig als höhere bzw. höchste Ebene des Programms eingesetzt, um das Programm zu strukturieren.

Die Aktivitäten aus Abbildung 3.5 werden in einem Zustandsdiagramm (Abbildung 3.6) noch einen Schritt weiter detailliert. Es wurden einige Modellierungsentscheidungen getroffen, um den Modellumfang gering zu halten. Zum einem wurden Zustände wie „Fehlerbehandlung aktiv" nicht detailliert ausgeschrieben. Außerdem ist es standardmäßig vorgesehen, dass jeder Zustand maximal jeweils eine Entry-, Do- und Exit-Funktion besitzt. Ist es nötig, einen Zustand mit mehreren Aktionen des jeweiligen Typs zu beschreiben, sollte der Zustand in mehrere Zustände unterteilt werden. In diesem Modell wird allerdings darauf verzichtet, um die Anzahl der Zustände gering zu halten, sodass die Verständlichkeit erhalten bleibt. Die Funktionen in den Zuständen weisen, anders als im Aktivitätsdiagramm, eine deutlich engere Verknüpfung zur

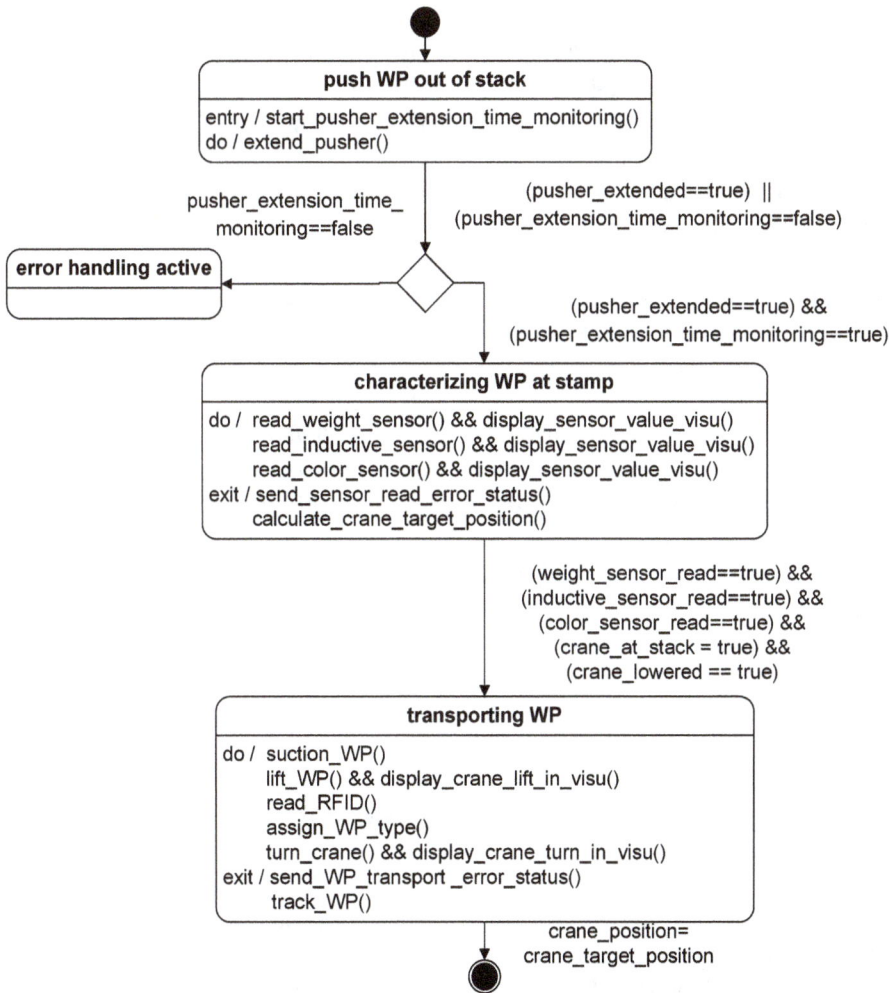

Abb. 3.6: Zustandsdiagramm mit Detaillierung der Sensorlogik für „Werkstück charakterisierend".

Steuerungssoftware auf: Unter anderem sind konkrete Sensoren und deren Ansprechen (== true) hinzugefügt.

In diesem Beispiel werden die Funktionsaufrufe und Transitionen direkt in C-gerechter Syntax formuliert. Das Verständnis des Modells benötigt so eine höhere Kenntnis der Steuerungssoftware, jedoch gewinnt das Modell durch die Schaltlogik und unterschiedlichen Arten von Aktionen auch an Aussagekraft. Das Verhalten der Anlage auf Softwareebene wird so fast vollständig definiert.

3.1 Variantenmodellierung der PPU bzw. xPPU aus Sicht des Herstellers

Im Folgenden wird aus der Sicht eines Maschinenherstellers die Weiterentwicklung einer von diesem angebotenen Produktionsanlage, wie der PPU bzw. xPPU, modelliert, um den Aspekt der schrittweisen Weiterentwicklung von existierenden UML-Modellen und die Einbindung von Varianten zu erläutern. Am Anfang der Entwicklung ist in der Regel unbekannt, welche Varianten der Markt über Jahrzehnte wünscht, sodass die Erstellung eines Universalmodells direkt bei der Entwicklung des Anlagenprototyps nicht realistisch ist. Das Maschinenbauunternehmen hat PPU-Anlagen als Standard in seinem Lieferprogramm und liefert diese an viele Kunden weltweit. Diese basieren auf mechatronischen Basismodulen (Stapel, Stempel, Kran und Bänder), die zusammengefügt werden. Das Unternehmen bietet aber auch Sondermaschinen an und erweitert Anlagen auf Kundenwunsch (xPPU). Die im Sondermaschinenbau häufig auftretenden unvorhersehbaren Varianten müssen systematisiert und immer wieder nach einer Periode der Änderungen soweit möglich zu einem Modell vereinheitlicht werden (siehe Abbildung 1.5), um die Explosion der Variantenvielfalt zu beherrschen. Es können dabei sowohl die Basismodule als auch die Verknüpfung der Module variieren. Eine solche Evolution wird im Folgenden dargestellt. Wir nehmen an, dass viele Basismodule bereits existieren. Wenn diese existierenden Basismodule nur noch zusammengefügt, also verknüpft werden, handelt es sich um eine Bottom-up-Vorgehensweise. Die im Folgenden betrachteten Weiterentwicklungen (vgl. Abbildung 3.7) sind:
– Gewichtsmessung mittels Waage als Teil des Lagers
– Werkstückidentifizierung mittels RFID-Leser am Kran und auf dem Sortierband in der Anlage
– Werkstückumlauf zurück zum Sortierband
– Änderung der Werkstückreihenfolge durch PicAlfa (später als repositioningCrane bezeichnet)

Als erster Schritt in der Erweiterung zur extended Pick-and-Place Unit (xPPU) soll die Anlage aus Abbildung 3.2 um eine Waage ergänzt werden, um Werkstücke mit verschiedenen Gewichten (zwischen 100 g und 1000 g) bearbeiten zu können (vgl. Tabelle 3.1).

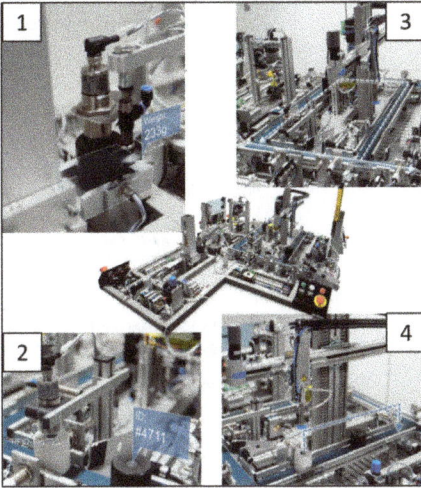

Abb. 3.7: Vier Erweiterungen der PPU zur xPPU. 1) Wäge Modul 2) RFID Scanner 3) Werkstückumlauf zurück zum Sortierband 4) Änderung der Werkstückreihenfolge durch PicAlfa.

Tab. 3.1: Gewichte der Werkstücke, die in der xPPU bearbeitet werden können.

WS-Plastik		WS Metallisch		
WS Weiß	**WS Schwarz**	**WS Leicht**	**WS Mittel**	**WS Schwer (Messing)**
138 g	138 g	274 g	585 g	816 g

Das Gewicht spielt in unterschiedlichen Komponenten der xPPU eine wesentliche Rolle. Zum einen wird das Werkstück durch einen Sauggreifer angehoben, dessen Saugdruck auf das Gewicht des Werkstücks angepasst werden muss. Zum anderen muss der Kran bei schweren Werkstücken eine kurze Auspendelzeit nach der Drehung berücksichtigen, damit die Positioniergenauigkeit erhalten bleibt. Zu diesem Zweck wird ein Wägemodul eingebaut, um zusätzlich zum Werkstücktyp das Werkstückgewicht zu erfassen.

Ein erweitertes Klassendiagramm wird in Abbildung 3.8 vorgestellt, wobei das Modell um eine neue Klasse „WeightModule" ergänzt wird. Gleichzeitig ändern sich fast alle Teileinheiten, da neben dem Werkstücktyp auch das Werkstückgewicht durch die Anlage kommuniziert wird, im Sinne einer softwaretechnischen Wegverfolgung. Das heißt, in der Software wird die Werkstückposition aufgrund des Bandvorschubs bzw. der Kranbewegungen berechnet. Dies ist fehleranfällig, weil die Entnahme durch einen Bediener oder ein Festhängen des Werkstücks nicht bemerkt wird. Durch das Gewicht des Werkstücks ändert sich dann beispielsweise die Funktion „intake" der Klasse „VaccumGripper", die unter „Crane" angeordnet ist, da bei mehr Gewicht ein größerer Saugdruck benötigt wird.

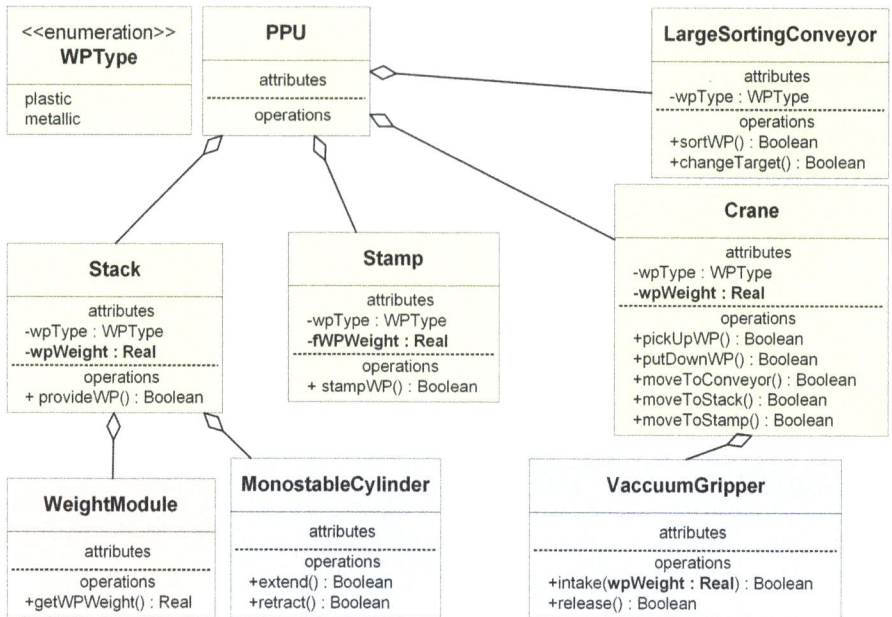

Abb. 3.8: Klassendiagramm, das Abbildung 3.3 um ein Wägemodul erweitert. In orange befindet sich das hinzukommende Modul, in graublau sind zusätzliche relevante Module gezeigt.

Auch das Aktivitätsdiagramm in Abbildung 3.4 ändert sich durch das Hinzufügen eines Wägemoduls. Dies ist in Abbildung 3.9 dargestellt. Es wird erst das neue Wägemodul benutzt, um das Gewicht des Werkstücks zu messen. Das sich verändernde Verhalten beim Drehen und Greifen von Werkstücken wird in dieser Modellierung nur auf indirektem Wege angedeutet. Ein Druckprofil wird erstellt, abhängig vom Werkstückgewicht, das beschreibt, wie der Saugdruck angepasst werden muss, um die restlichen Funktionen erfolgreich auszuführen.

Die xPPU wird zusätzlich um einen RFID-Scanner erweitert. Der RFID-Scanner soll vom „LargeSortingConveyor" genutzt werden, um jedes einzelne Werkstück zu identifizieren. Damit kann an den Positionen des RFID-Scanners das reale Werkstück bestimmt werden und die fehleranfällige Wegverfolgung entsprechend korrigiert werden.

> „Werkstück charakterisieren" erfolgt nun durch den leistungsfähigeren RFID-Reader und nicht mehr nur indirekt durch die Helligkeits- und Gewichtsmessung. Das so erweiterte Klassendiagramm wird in Abbildung 3.10 gezeigt.

Es wurde in diesem Klassendiagramm die Entscheidung getroffen, den „RFIDScanner" als Teilkomponente des „LargeSortingConveyor" zu modellieren. Der RFID-Scanner könnte alternativ als unmittelbare Teilkomponente der xPPU modelliert werden. Die

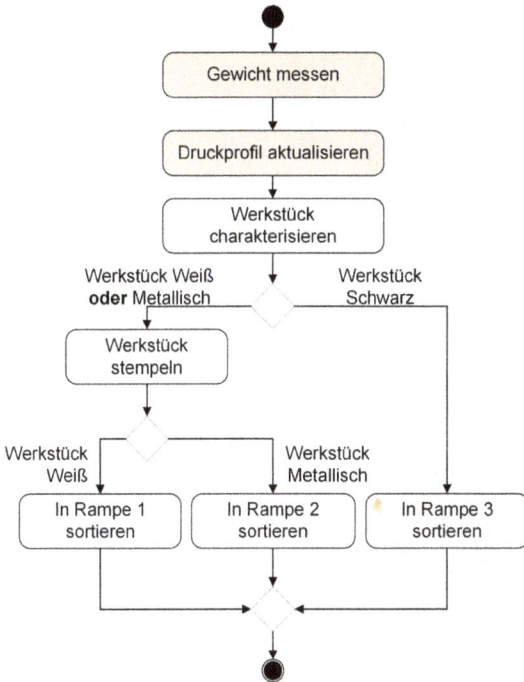

Abb. 3.9: Erweitertes Aktivitätsdiagramm der Gesamtfunktion der xPPU.

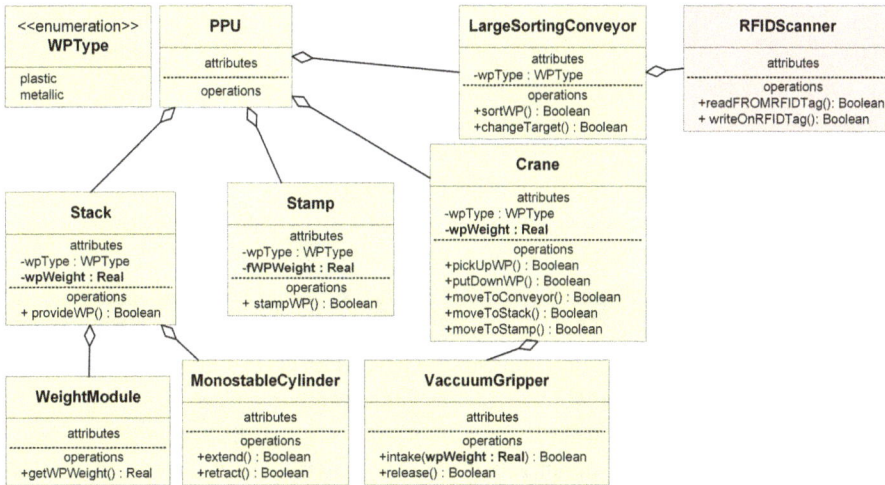

Abb. 3.10: Um RFID-Scanner erweiterets Klassendiagramm (Abbildung 3.8).

Entscheidung, welches Modell besser geeignet ist, hängt von der Zielsetzung des Modells ab.

> **i** Designentscheidung: Dass der RFID-Scanner an den Sortingconveyor montiert ist, kann als Argument dienen, diesen als Teil des Sortingconveyors zu modellieren. Grundsätzlich können RFID-Scanner auch an anderen Stellen der xPPU bzw. anderer Laboranlagen modelliert werden und sind prinzipiell unabhängig. In Abbildung 3.10 wird der Fokus auf Funktionalität gelegt, und deshalb der „RFIDScanner" als Teil des „LargeSortingConveyor" im Sinne eines Sensors modelliert, um die Funktion „sortWP()" auszuführen.

Im nächsten Schritt werden der xPPU-Anlage drei weitere Förderbänder hinzugefügt (Abbildung 3.11).

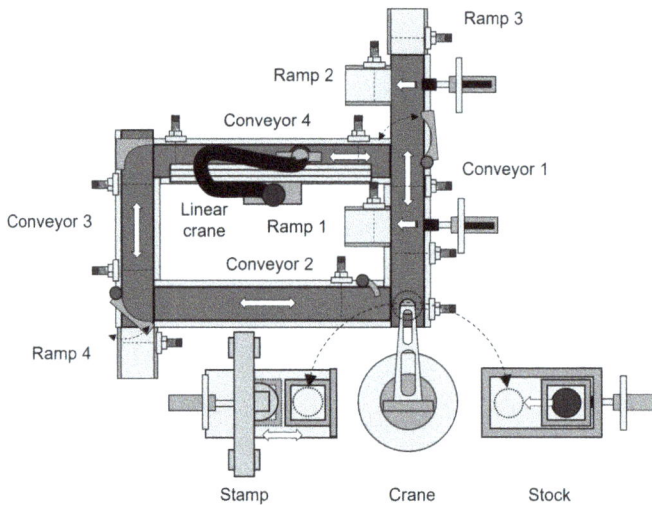

Abb. 3.11: Erweiterung der xPPU um drei Förderbänder (Conveyor 2, 3, und 4).

Die drei Förderbänder sollen die Flexibilität der Anlage erhöhen, weil fehlerhafte Teile über diese nochmals zum Stempeln gefahren werden können. Im Fall, dass „Ramp 2" oder „Ramp 3" beim Sortieren bereits voll sind, kann die Steuerungssoftware die Werkstücke über die Bänder „Conveyor 4, 3 und 2" erneut zum Anfang von „Conveyor 1" transportieren. Das Aktivitätsdiagramm für die xPPU kann vom Aktivitätsdiagramm der PPU abgeleitet werden (siehe Abbildung 3.12). Bevor das Werkstück in die Rampen 1–3 sortiert wird, wird geprüft, ob die aktuelle Zielrampe voll ist. Falls dies der Fall ist, wird das Werkstück über Förderbänder 2–4 zurück zu Förderband 1 transportiert. Die Abläufe, die in vorherigen Aktivitätsdiagrammen abgebildet waren, werden zur Klarheit in Abbildung 3.12 komprimiert.

Um die veränderte Struktur der xPPU darzustellen, wird das Klassendiagramm erneut um die drei hinzukommenden Förderbänder erweitern (in hellorange Ab-

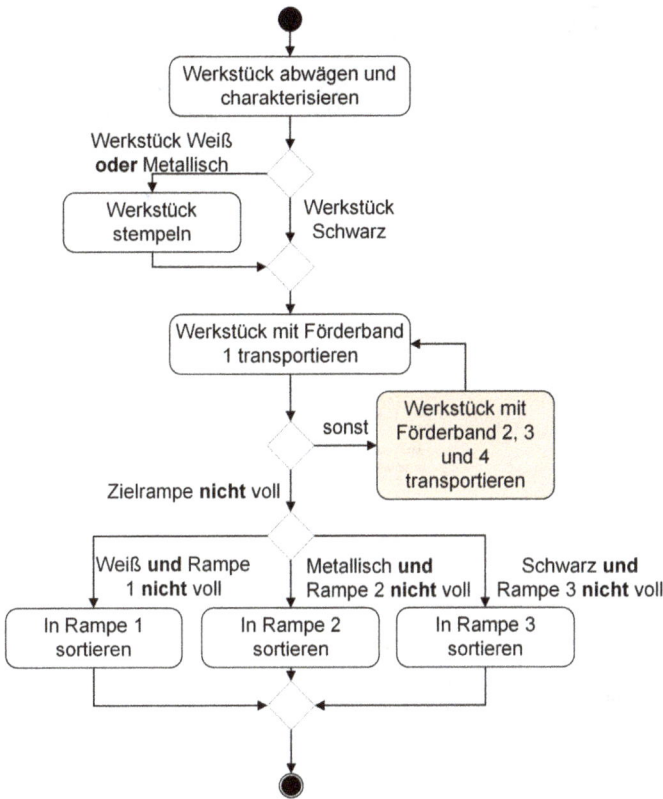

Abb. 3.12: Aktivitätsdiagramm, das das veränderte Verhalten der xPPU im Vergleich zur PPU zeigt.

bildung 3.13). Der „RefeedingConveyor" bezeichnet hierbei „Conveyor 2" aus Abbildung 3.11, „PicAlfaConveyor" entspricht „Conveyor 4" und der „SmallSortingConveyor" entspricht „Conveyor 3".

Trotz drei neuer Klassen werden nur wenige neue Informationen dem Modell hinzugefügt. Die vier Förderbänder haben viele Gemeinsamkeiten (Motor, Höhe, Geschwindigkeiten) und wenige Unterschiede (Ausrichtung, Länge). Durch das Erstellen einer „Basis"-Klasse für ein Förderband („ConveyorBase") wird für das Modell der xPPU generalisiert. Diese „Basis"-Klasse wird dann viermal zur Modellierung für die xPPU benötigt und unterscheidet sich erst in der Instanzebene von den anderen Förderbändern (Abbildung 3.14).

Die xPPU aggregiert vier Instanzen der Klasse „ConveyorBase", modelliert als Kardinalitäten „1" und „4" in der Beziehung zwischen „xPPU" und „ConveyorBase". Erst durch die Instanziierung werden die Förderbänder 1–4 aus Abbildung 3.11 zur Anlage hinzugefügt. Durch die Kardinalitäten wird beschrieben, wie viele von jedem Sensor und Aktor die Instanzen der Klasse „ConveyorBase" erhalten dürfen.

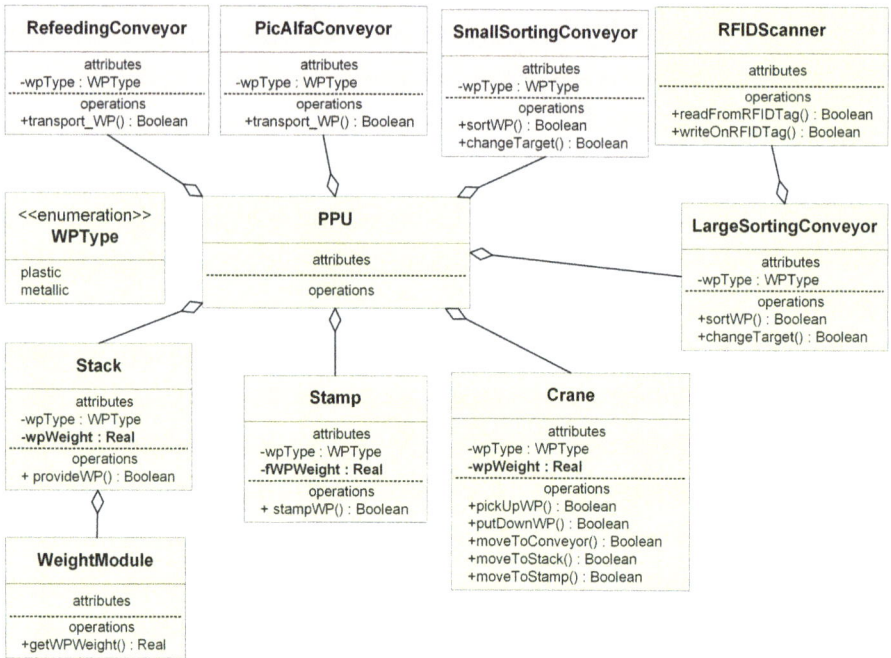

Abb. 3.13: Klassendiagramm der xPPU mit den drei hinzugefügten Förderbändern.

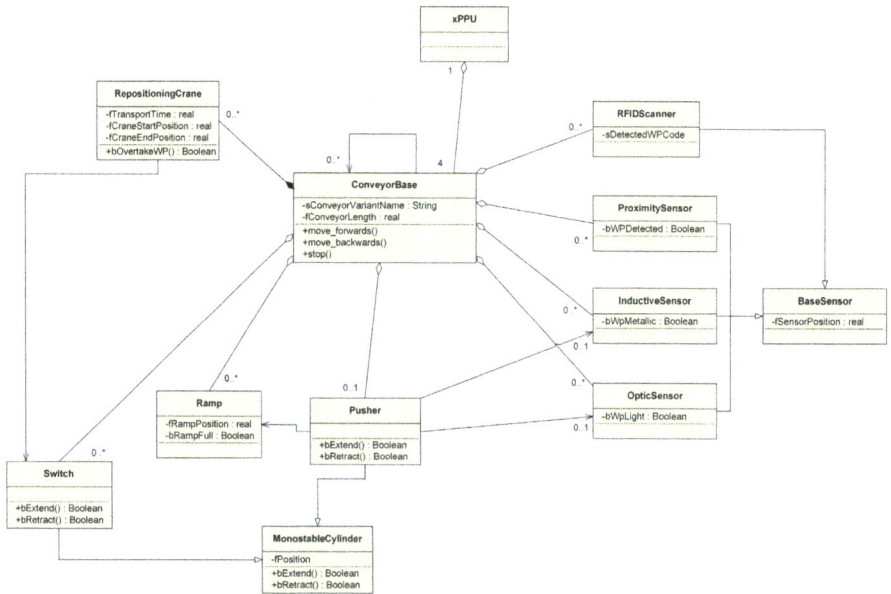

Abb. 3.14: Klassendiagramm des generalisierten Moduls "ConveyorBase". Durch Instanziierung dieser Basis Klasse werden die vier Förderbandvarianten der xPPU definiert.

Designentscheidung: Der repositioningCrane wird als Komposition modelliert, weil die Funktionalität des Krans (Überholen) und dessen Methode nur ausgeführt werden können, wenn dieser Teil des Conveyors ist. Der Kran muss schneller als der Conveyor fahren, um zu überholen.

Die Zuweisung des Beziehungstyps ist nicht immer eindeutig. Der „RepositioningCrane" aus Abbildung 3.14 wurde mit einer Kompositionsbeziehung zur Klasse „ConveyorBase" verbunden. Damit wird angedeutet, dass die Existenz des „RepositioningCrane" vom „ConveyorBase" abhängt. Ein Kran kann auch ohne Förderband betrieben werden, dann sollte die Beziehung als Aggregation modelliert werden. In Abbildung 3.14 wird in der Klasse „RepositioningCrane" die Funktion „bOvertakeWP()" definiert, in der der Kran zum Überholen des Werkstücks verwendet wird. Diese Funktion kann nur in Zusammenarbeit mit dem Förderband richtig ausgeführt werden. Aus der funktionalen Sicht ist die Existenz der Hierarchieverbindung zwischen „ConveyorBase" und „RepositioningCrane" also notwendig für das Ausführen der Funktionalität des „RepositioningCrane" und muss damit eine Komposition sein. Der Unterschied zwischen Assoziation und Aggregation hängt davon ab, wie das Klassendiagramm strukturiert werden soll. Der „LargeSortingConveyor" der xPPU hat ausfahrbare Zylinder („Pusher"), die senkrecht zur Förderstrecke angebracht sind, und auf Befehl ein Werkstück in eine Rampe („Ramp") schieben können. Die Bauteile „Pusher" und „Ramp" sind Teil des Förderbands und werden deshalb in Abbildung 3.14 von der Klasse „ConveyorBase" aggregiert. Der „Pusher" soll aber vor dem Ausfahren prüfen, ob die „Ramp" bereits voll ist. Um auf die Information zugreifen zu können, verbindet eine Assoziationsbeziehung den „Pusher" mit der „Ramp". In einem anderen Modell wäre es möglich, stattdessen die „Ramp" als Aggregation des „Pushers" zu modellieren. Für das Klassendiagramm in Abbildung 3.14 ist das Ziel, alle möglichen Bauteile eines Förderbands zu zeigen, und deswegen macht es mehr Sinn, diese Verbindung als Assoziation zu modellieren.

3.1.1 Objektdiagramm versus Klassendiagramm bei Varianten

Klassendiagramme können zum einen benutzt werden, um ein in echt existierendes Objekt abzubilden, wie z. B. in Abbildung 3.8. Oft wird ein Klassendiagramm aber benutzt, um eine Klasse von Objekten generalisiert abzubilden, um somit mehrere in echt existierende Objekte gleichzeitig zu repräsentieren. Die Nutzung eines Klassendiagramms mit Generalisierungen, so wie es in Abbildung 3.14 abgebildet ist, macht das Modell kompakter, aussagekräftiger und leichter erweiterbar. Die Rolle des Objektdiagramms hängt vom Subjekt des Klassendiagramms ab. Objektdiagramme für ein instanzbasierendes Klassendiagramm bilden eine Systemzusammenstellung ab. Objektdiagramme für generalisierte Klassendiagramme bilden eine Instanz des Klassendiagramms ab. So kann zum Beispiel ein Objektdiagramm für konkrete existierende Gegenstände, zum Beispiel die xPPU erstellt werden. Ein beispielhaftes Objektdiagramm für den „LargeSortingConveyor" wird in Abbildung 3.15 dargestellt, wobei sich dieses Objektdiagramm auf das Klassendiagramm in Abbildung 3.14 bezieht.

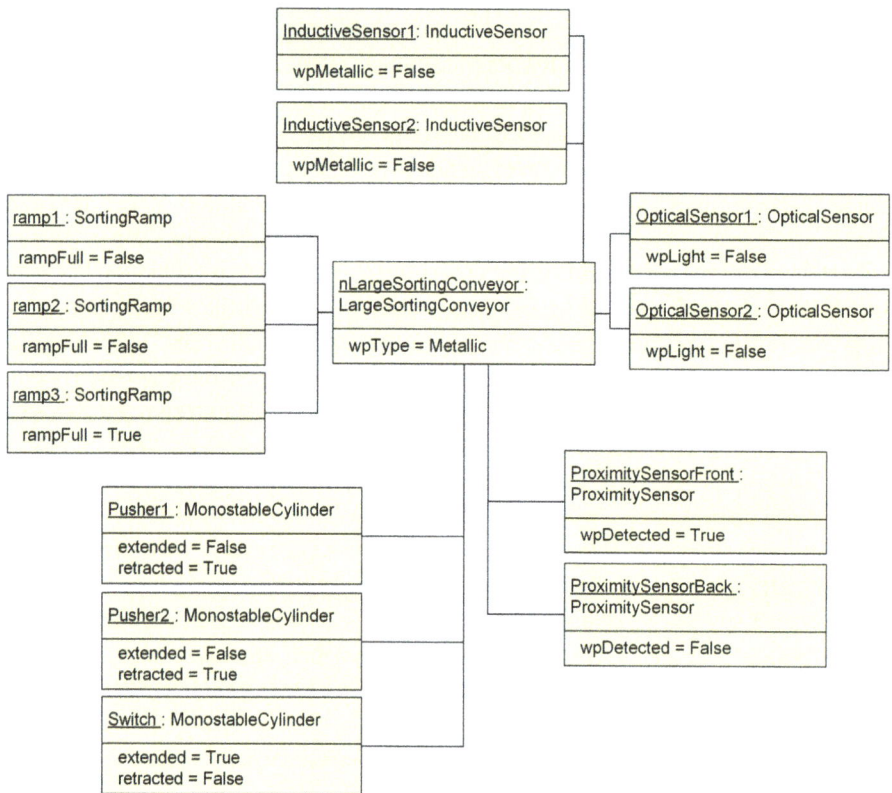

Abb. 3.15: Objektdiagramm, das die spezifische Instanz „LargeSortingConveyor" der xPPU@AIS@TUM beschreibt, auf Basis des Klassendiagramms in Abbildung 3.14.

Das Objektdiagramm zeigt unter anderem, dass der „LargeSortingConveyor" drei Instanzen der Rampe und drei Instanzen des „MonostableCylinder" aggregiert, wobei ein Zylinder als „Switch" bezeichnet wird. In einem Objektdiagramm werden fast die gleichen Modellierungselemente wie in einem Klassendiagramm benutzt. Ein Unterschied ist, dass die Klassen in Abbildung 3.15 Instanzen sind und einen spezifischen, eindeutigen Namen haben. Eine weitere Besonderheit des Objektdiagramms ist, dass den Attributen konkrete Werte zugewiesen werden. Das Attribut „rampFull" hat so zum Beispiel den Wert „False" für zwei Rampen, aber „True" für die dritte. Die Notationselemente des Klassendiagramms und auch des Objektdiagramms sind in Appendix A.1.5 zusammengefasst. Um die genaue Systemzusammenstellung zu kommunizieren, kann also ein Objektdiagramm genutzt werden. In Abbildung 3.16 wird die modellierte Systemzusammenstellung visualisiert.

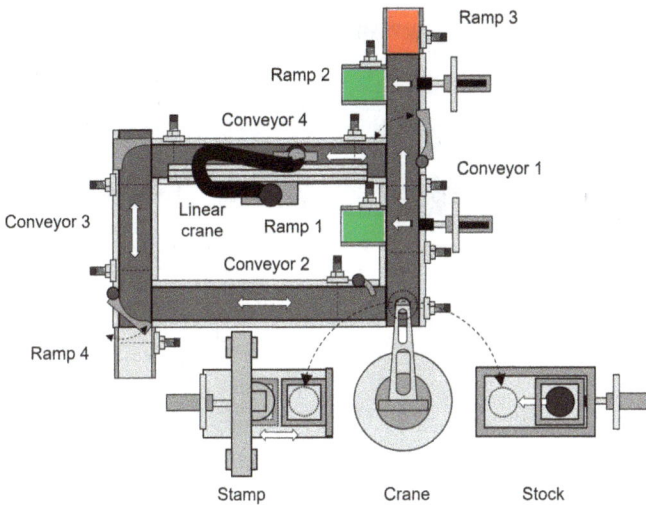

Abb. 3.16: Systemzusammenstellung der xPPU@AIS@TUM, der in Abbildung 3.15 spezifiziert wurde. Die grünen Rampen sind leer, die rote Rampe ist voll.

Des Weiteren kann das generalisierte Klassendiagramm in Abbildung 3.14 als Basis verwendet werden, um die Beschreibung von Förderbändern in Abbildung 3.15 noch weiter zu generalisieren. Neben der xPPU@AIS@TUM werden weitere Demonstratoranlagen von AIS@TUM betrieben, die jeweils verschiedene Varianten von Förderbändern verwenden. Ein weiterer Modellierungsschritt wäre demnach, das Klassendiagramm so auszulegen, dass es ein generalisiertes Klassendiagramm für alle Förderbänder abbildet. Dies wurde bereits in Abbildung 3.14 realisiert. Durch Initialisieren der Klasse „ConveyorBase" können Förderbänder, die an verschiedenen Anlagen eingesetzt werden, abgebildet werden. Die Objektdiagramme in Abbildung 3.17 stellen die unterschiedlichen Instanzen der Klasse „ConveyorBase" gegenüber.

Für den Betreiber solcher Anlagen (AIS@TUM) ist ein Modell mit allen Förderbändern für Wartungszwecke interessant, um beispielsweise nur je ein Ersatzteil vorhalten zu müssen, wenn das Teil in allen Förderbändern eingebaut ist.

Aus Sicht des Maschinenbauunternehmens ist diese Modellsicht noch viel sinnvoller, weil es die Komponenten zusammenstellt, die in allen Anlagentypen ausgeliefert wurden. Dieses Modell wird als Familienmodell bezeichnet. Mittels eines solchen Familienmodells lassen sich Anlagen standardisieren und Komponentenbeschaffungen verbessern. Familienmodelle werden bisher immer noch disziplinenspezifisch erstellt und gepflegt.

Alle Förderbänder besitzen einen Namen, eine Länge und eine Auswahl von Sensoren zur Detektion und Manipulation von Objekten. Dazu haben alle Förderbänder Funktionen zum vorwärts oder rückwärts Drehen und Stoppen. Es ist zu bemerken, dass die Klasse „ConveyorBase" aus Abbildung 3.14 eine Assoziationsbeziehung mit sich selbst aufweist. Die Bedeutung dieser Beziehung lässt sich anhand von Abbildung 3.17

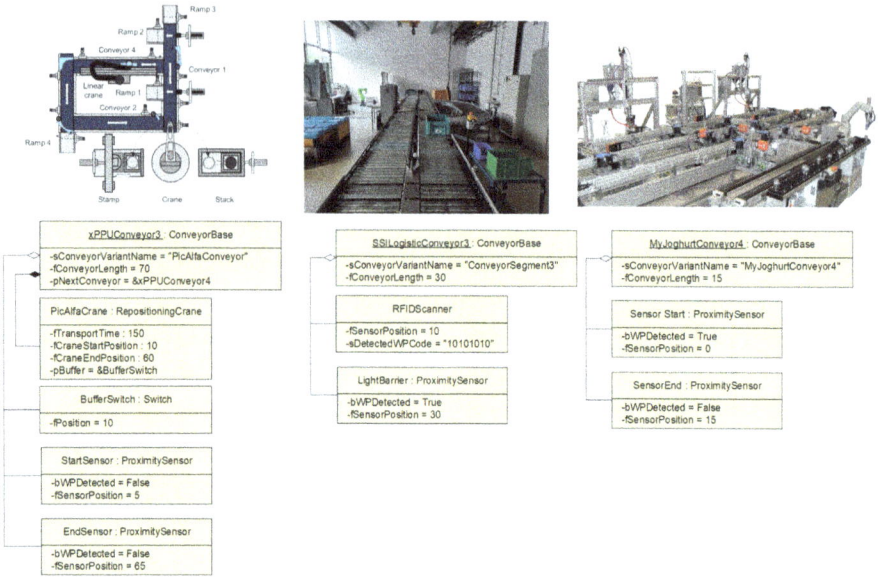

Abb. 3.17: Objektdiagramm, in dem die Klasse "ConveyorBase" unterschiedlich instanziiert wird, um Förderbänder von drei Anlagen abzubilden. Von links nach rechts: Förderbänder der xPPU@AIS@TUM, Förderbänder der Self-X Anlage@AIS@TUM und Förderbänder der MyJoghurt Anlage@AIS@TUM.

demonstrieren. Das Objekt „xPPUConveyor3" hat ein Attribut „pNextConveyor", das einen Link zur nächsten Förderbandeinheit „xPPUConveyor4" speichert. So können systemrelevante Informationen beim Wechsel von einem Förderband auf das nächste mit dem Werkstück zusammen übertragen werden. Die Kardinalität „0..*" bedeutet allerdings, dass dies nicht zwingend nötig ist, denn nicht alle Förderbänder implementieren diese Verbindung. Die Abbildung ähnlicher Bauteile in einem generalisierten Klassendiagramm fasst dessen Veränderungen, Weiterentwicklung und Refactoring vereinfacht zusammen.

! *Modellierung der Variabilität im Klassendiagramm bzw. Objektdiagramm:*

Objektdiagramme modellieren physisch existierende Gegenstände, wie existierende Anlagen, die ein Maschinenbauunternehmen bereits entworfen, gebaut und ausgeliefert hat oder die ein Betreiber gekauft, errichtet und in Betrieb genommen hat. In beiden Fällen sind dies verschiedene Varianten und Versionen. Es ist davon auszugehen, dass das Maschinenbauunternehmen eine höhere Variabilität an Maschinen bzw. Anlagen gebaut hat als bei einem Betreiber stehen. Dies gilt nicht für Inhouse-Maschinenbauunternehmen (Betriebsmittelkonstruktion).

Aus der Sicht des Maschinenbauunternehmens soll die Variabilität auch für andere Maschinentypen und für Jahrzehnte managebar sein. Deshalb würde hier das Klassendiagramm auch für noch nicht existierende oder nicht mehr existierende Maschinen die Varianten besser darstellen als Varianten eines Objektdiagramms.

3.2 Zweite Erweiterung der xPPU – Änderung der Werkstückreihenfolge beim Transport

Im Folgenden wird die Evolution der xPPU weitergeführt, und zwar um einen Kran, der die Werkstückreihenfolge ändern kann. Es wurde bereits in Abbildung 3.14 ein „RepositioningCrane" eingeführt, der dazu dient, die Werkstückreihenfolge während des Transports auf dem Förderband anzupassen. Jetzt wird dieser Kran im Detail modelliert, wobei der Fokus auf der Zusammenarbeit mit dem Förderband liegt. Abbildung 3.18 zeigt die Erweiterung der xPPU durch diesen „RepositioningCrane", der des Weiteren als PicAlfa bezeichnet wird.

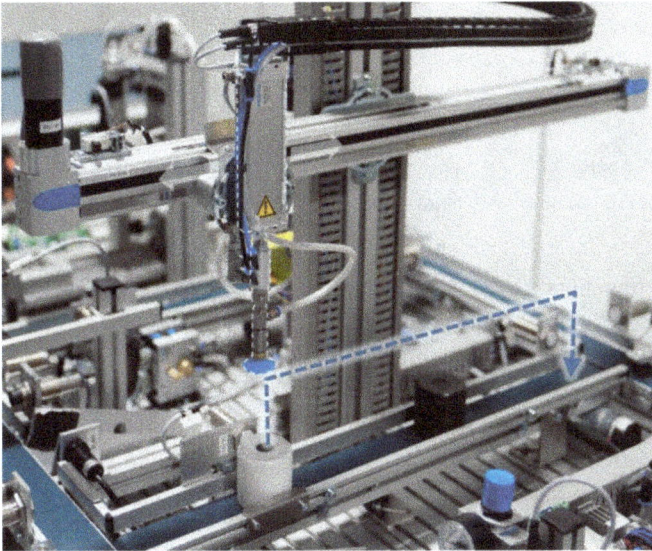

Abb. 3.18: Abbildung der PicAlfa, die dazu dient, die Werkstückreihenfolge beim Transport anzupassen. Der blaue Pfeil visualisiert die ungefähre Trajektorie, die der Kran bei einem „Überholmanöver" abfährt.

Der Kran wird direkt über dem „Conveyor4" aus Abbildung 3.11 angebracht. Er kann sich parallel zum Förderband bewegen (links – rechts in Abbildung 3.18) und verfügt über einen Zylinder zum vertikalen Anheben des Werkstücks. Das Greifen des Werkstücks findet mit einem Sauggreifer statt. Zur Einfachheit wird das Klassendiagramm, in dem die PicAlfa eingebunden ist, auf Basis von Abbildung 3.13 statt Abbildung 3.14 aufgebaut. Auch bei Conveyor 2 („Refeeding Conveyor") und Conveyor 3 („SmallSortingConveyor") wird zunächst angenommen, dass sie sich außerhalb des Anwendungsbereichs befinden. Es folgt somit das Klassendiagramm in Abbildung 3.19, welches sich hauptsächlich mit der PicAlfa (PicAlfaCrane) und dem PicAlfa-Conveyor befasst.

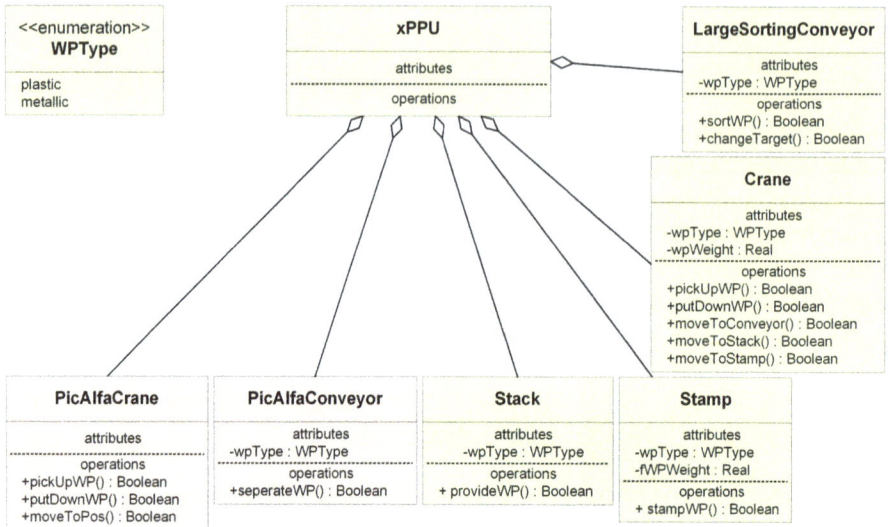

Abb. 3.19: Klassendiagramm der xPPU, das auf Abbildung 3.13 aufbaut. „PicAlfaCrane" und „PicAlfaConveyor" kommen als neue Klassen direkt unter xPPU hinzu.

Der „PicAlfaCrane" verfügt über Funktionen zum Heben und Senken sowie horizontalem Positionieren des Werkstücks. Im Vergleich zu Abbildung 3.19 kann das Modell auch anders dargestellt werden, siehe Abbildung 3.20.

In dieser Klassendiagrammvariante ist „PicAlfaCrane" als Komponente von „PicAlfaConveyor" angeordnet. Beide Varianten in Abbildung 3.19 und Abbildung 3.20 beschreiben dasselbe System und sind ähnlich aussagekräftig. Wenn die PicAlfa immer nur in Kombination mit, oder als Teil von, einem Förderband genutzt wird, wäre die Modellierung als Teil (Aggregation) des Förderbands (Abbildung 3.20) sinnvoll. Der Fokus der weiteren Modellierungen liegt allerdings auf der Zusammenarbeit und Kommunikation zwischen „PicAlfaCrane" und „PicAlfaConveyor". Für diesen Fokus ist es günstiger, wenn sich beide Bauteile auf der gleichen Hierarchieebene des Modells befinden, deshalb wird Abbildung 3.19 bevorzugt. Zusätzlich zum Klassendiagramm muss auch das Aktivitätsdiagramm angepasst werden. Das Aktivitätsdiagramm aus kann ähnlich evoliert werden. In Abbildung 3.21 kommt deshalb zum Klassendiagramm aus Abbildung 3.12 eine Aktivität zur Anpassung der Werkstückreihenfolge hinzu.

Um den genauen Ablauf der Anpassung der Werkstückreihenfolge (im Folgenden auch Werkstück-Überholmanöver genannt) zu beschreiben, bietet sich wieder ein Zustandsdiagramm an. Das Zustandsdiagramm in Abbildung 3.22 detailliert den Überholvorgang. In diesem Zustandsdiagramm sind die Transitionen und Zustandsabläufe besonders softwarenah. Es werden in jedem Zustand Funktionen der Teilkomponenten des „PicAlfaCrane" und „PicAlfaConveyor" aufgerufen. Die Transitionen sind bereits in

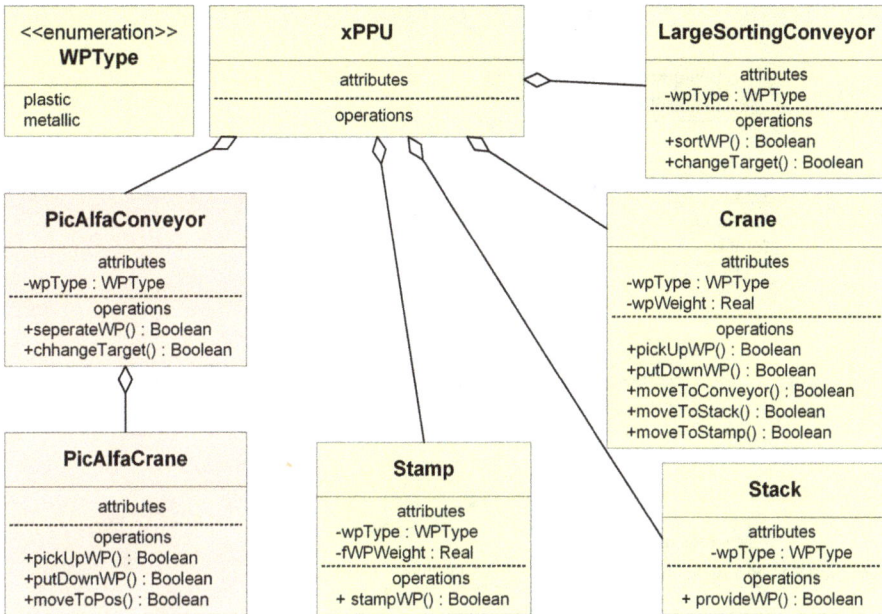

Abb. 3.20: Alternatives Klassendiagramm zu Abbildung 3.19, in dem „PicAlfaCrane" ein Teil von „PicAlfa-Conveyor" ist (Aggregation).

Code-Syntax formuliert. Das macht dieses Zustandsdiagramm besonders aussagekräftig und nützlich für einen Software-Entwickler, der zum Beispiel hinzukommende Funktionalität durch den „PicAlfa"-Kran in den existierenden Steuerungscode der Anlage integrieren soll.

Die bisher gezeigten Modellarten haben verschiedene Anwendungsbereiche und Detailgrade. Klassendiagramme bieten einen Überblick der Struktur. Aktivitätsdiagramme können genutzt werden, um einen groben Ablauf des gewünschten Verhaltens zu übermitteln. Zustandsdiagramme verfeinern diesen Ablauf und enthalten genügend Details als Basis zur tatsächlichen Implementierung.

Im Zusammenhang mit Industrie 4.0, intelligenten Komponenten, serviceorientierten oder agentenorientierten Architekturen, wissen die Komponenten, was sie können und kommunizieren mit anderen Komponenten. Sie bieten ihre Dienste an und übernehmen Aufgaben. Die Zusammenarbeit mehrerer solcher Komponenten, gefördert durch effektive Kommunikation, ist ein wichtiger Bestandteil dieser Systeme und steht in keinem der soeben genannten Modelle im Vordergrund. Sequenzdiagramme sind eine gute Möglichkeit, um dieses Ziel zu realisieren [10]. Im Folgenden werden Sequenzdiagramme zur Testfallbeschreibung vorgestellt.

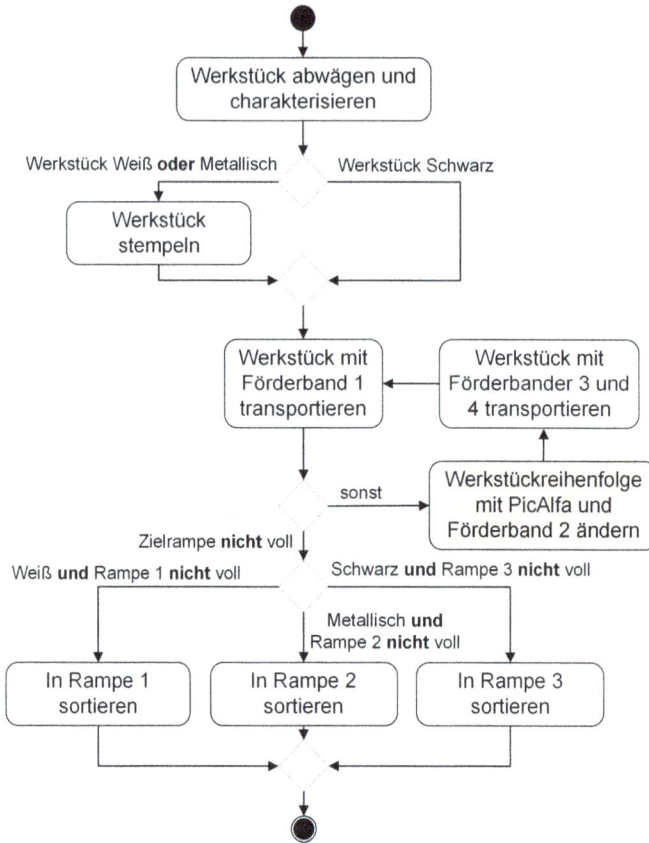

Abb. 3.21:
Aktivitätsdiagramm aus Abbildung 3.12, erweitert um Aktion zum Anpassen der Werkstückreihenfolge.

3.3 Sequenzdiagramm zur Testfallbeschreibung

Der Systemtest ist im Bereich mechatronischer Systeme aufwendig und wurde Jahrzehnte vernachlässigt. Im letzten Jahrzehnt ist das Testen immer mehr in den Mittelpunkt der Aufmerksamkeit gerückt, um Produktqualität zu steigern und Inbetriebnahmekosten auf Baustellen beim Kunden zu reduzieren. In der Entwicklung mechatronischer Komponenten wurde im Zuge der Verbesserung der Anforderungserhebung die grobe Spezifikation von Sequenzdiagrammen als Mittel zur Vermeidung von Problemen erkannt. Es gibt Werkzeuge, die aus UML-Diagrammen Code für die Testfallausführung erzeugen [17].

Häufig wird Zeitüberwachung als Ansatz zur Fehleridentifikation genutzt. Dabei wird die übliche Zeit für einen Vorgang mit einem Aufschlag als Grenze angenommen. Sobald der Vorgang länger dauert, wird eine Fehlermeldung ausgelöst. In diesem Buch wird die Fehlerüberwachung kaum betrachtet und ist nicht

Gegenstand der meisten Systemmodelle bis auf die im Folgenden behandelten Sequenzdiagramme. Diagnose und Fehlerbehandlung sind jedoch ein wesentlicher Anteil der Steuerungssoftware.

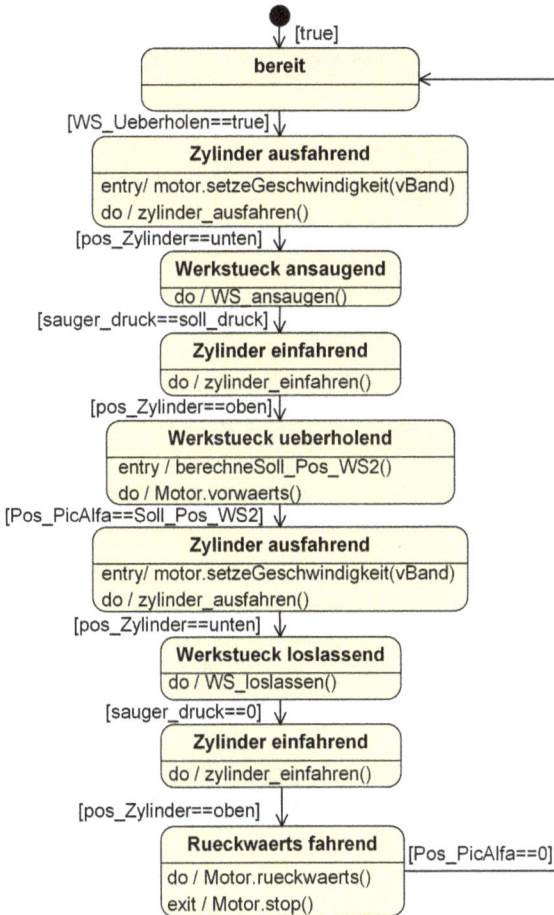

Abb. 3.22: Zustandsdiagramm des Überholmanövers der PicAlfa.

Ein einfaches Sequenzdiagramm für die PicAlfa, das den Greifvorgang beschreibt, wird in Abbildung 3.23 gezeigt. Das Sequenzdiagramm modelliert die Kommunikation zwischen vier Aktoren. „PicAlfa" bezeichnet hier ein zentrales Modul der PicAlfa, das mit den aggregierten Komponenten „Greifer", „Drucksensor", und „Ventil" kommuniziert. Insbesondere wird gezeigt, wie der „PicAlfaCrane" ein fehlerhaftes Ansaugen detektiert und behandelt. Der Greifer aktiviert einen Drucksensor und öffnet danach das Ventil, um den benötigten Saugdruck zu erzeugen. Wenn der Solldruck nach Öffnen des Ventils nicht innerhalb von 0.5 s erreicht ist, wird der Greifversuch als fehlerhaft bewertet und eine Fehlermeldung an die PicAlfa geschickt.

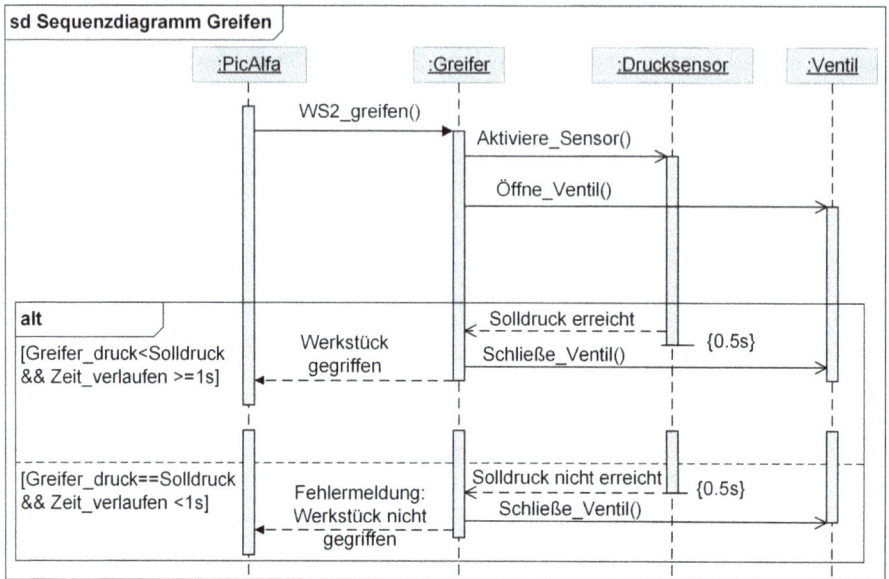

Abb. 3.23: Sequenzdiagramm, in dem die Kommunikation zwischen Komponente „PicAlfa" und dessen Teilkomponenten gezeigt wird, insbesondere um zu prüfen, ob ausreichender Druck beim Ansaugen des Werkstücks generiert wurde.

Neben der Erkennung und Behandlung von Fehlerszenarien werden Sequenzdiagramme gerne zur Modellierung von Testszenarien verwendet (vgl. Kapitel 2). Um das zu veranschaulichen, wird in Abbildung 3.24 ein einfaches Beispiel von einem Testszenario eingeführt.

Zuerst überträgt der Tester die Vorgaben (Parameter) eines Überholmanövers an die Steuerung. Ein entscheidender Faktor in der Plausibilität eines Überholmanövers ist die Position der Werkstücke auf dem Band, denn die Geschwindigkeit der PicAlfa und des PicAlfa-Förderbands („PicAlfaConveyor") haben physikalische Begrenzungen. Anhand der Werkstückpositionen berechnet die Steuerung die benötigte horizontale Geschwindigkeit der PicAlfa zum erfolgreichen Überholen. Es wird dann entschieden, ob die benötigte Geschwindigkeit der PicAlfa plausibel ist. Wenn die Werkstücke auf dem Band einen zu großen Abstand haben, müsste sich die PicAlfa besonders schnell bewegen, um das Überholmanöver zu realisieren. Überschreitet die berechnete Geschwindigkeit die maximal mögliche Geschwindigkeit der PicAlfa, kommuniziert die Steuerung eine Fehlermeldung an den Tester. Das Sequenzdiagramm dokumentiert also die Soll-Reaktion des Systems auf verschiedene Testeingaben. Ein weiteres Sequenzdiagramm für die PicAlfa wird in Abbildung 3.25 vorgestellt.

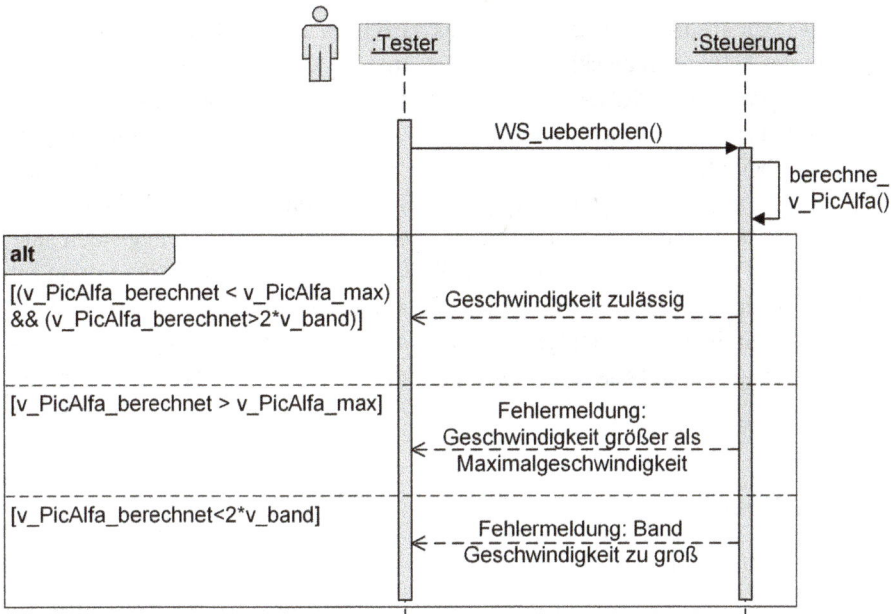

Abb. 3.24: Sequenzdiagramm eines Testszenarios: Überprüfung während Überholmanöver, ob die berechnete Geschwindigkeit der PicAlfa zum Überholen eines Werkstücks auf dem Förderband ausreicht.

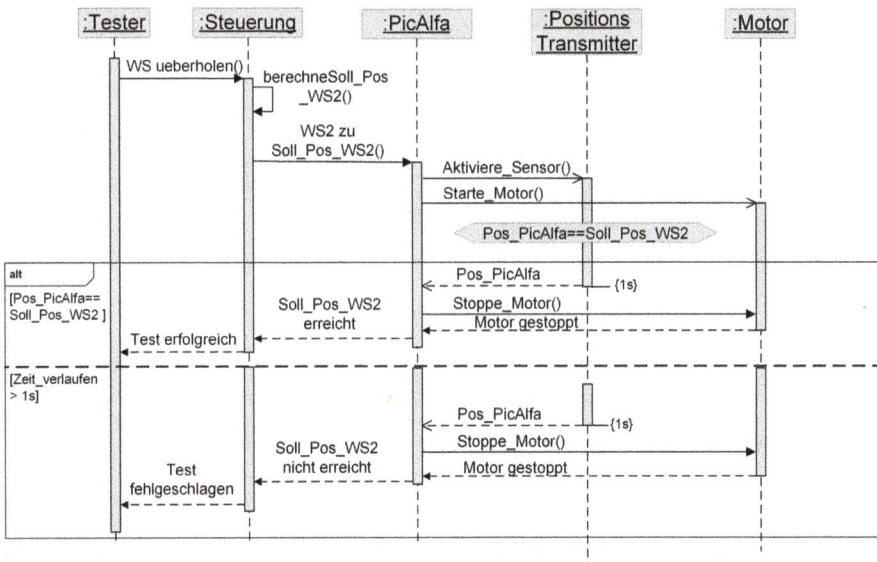

Abb. 3.25: Testszenario, welches das erfolgreiche Ausführen der Funktion „WS ueberholen" prüft, abhängig davon, ob das Werkstück die Sollposition erreicht.

Dieses Sequenzdiagramm beschreibt das Ausführen der Funktion „WS ueberholen"
aus Sicht des Softwareentwicklers. Zusätzlich zum Tester und der Steuerung sind die
internen Elemente der PicAlfa, der Positionssensor und der Motor und die Nachrichten zwischen diesen dargestellt. Hierbei ist die Zeitüberwachung der Motorbewegung
ausschlaggebend für das Testergebnis. Die PicAlfa aktiviert ihren Positionssensor, und
anschließend den Motor für die horizontale Bewegung. Die Beschriftung, die über der
Lebenslinie des Positionstransmitters positioniert ist, gibt an, dass im folgenden alternativen Ablauf die PicAlfa sich bewegt, bis die Position der PicAlfa der Sollposition entspricht (Pos_PicAlfa==Soll_Pos_WS2). Wird diese Bedingung nicht innerhalb von einer
Sekunde erfüllt, ist der Test fehlgeschlagen. Ein weiteres Sequenzdiagramm in Abbildung 3.26 betrachtet die Fehlererkennung von Sensoren während des Überholvorgangs
genauer.

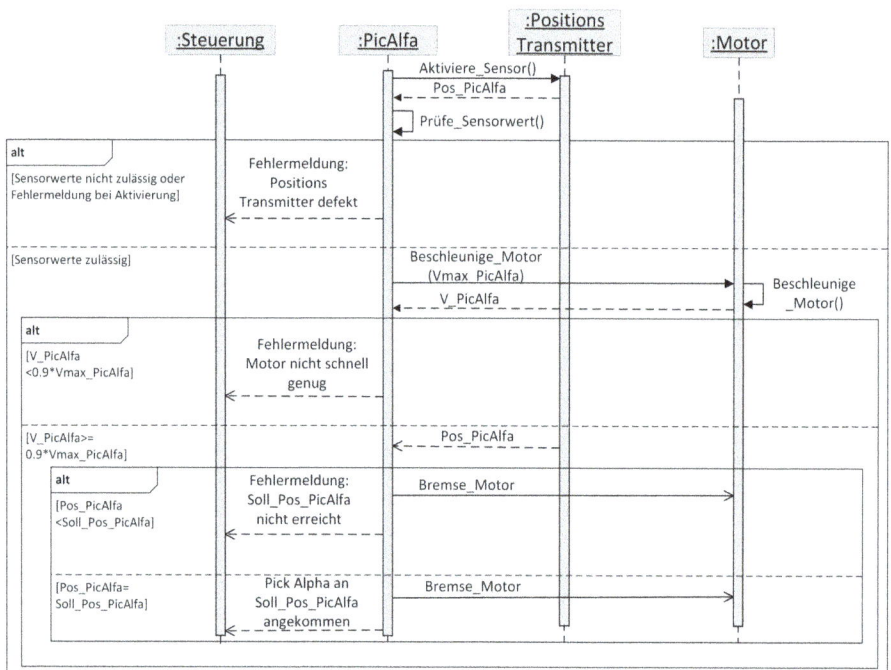

Abb. 3.26: Sequenzdiagramm zum Test der Fehlermeldungen von Motor und Positionstransmitter an die
Steuerung.

Dieses Sequenzdiagramm fasst zusammen, welche Fehlermeldungen die PicAlfa
während des Überholvorgangs an die Steuerung schicken kann. Zum einen wird überprüft, ob die gemessenen Sensorwerte plausibel sind oder ob der Sensor defekt sein
könnte. Zum anderen wird überprüft, ob der Motor der PicAlfa während des Überho-

lens eine ausreichend hohe Drehgeschwindigkeit erreicht. Abschließend wird geprüft, ob die Sollposition am Ende des Überholmanövers tatsächlich erreicht wurde. In einem weiteren Sequenzdiagramm in Abbildung 3.27 wird geprüft, ob ein Überholmanöver bei den gegebenen Parametern und unter Berücksichtigung mehrere Aspekte möglich ist.

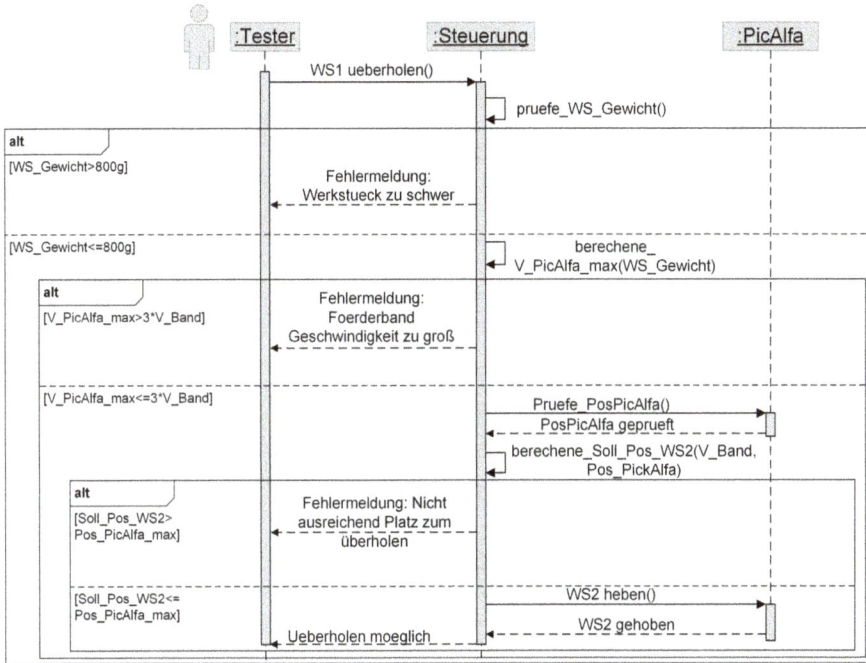

Abb. 3.27: Sequenzdiagramm, das vor der Bewegung die Plausibilität des Überholmanövers unter Berücksichtigung von Werkstückgewicht, Verhältnis von Band zu PicAlfa-Geschwindigkeit und Position der Werkstücke prüft.

In diesem Sequenzdiagramm wird erst geprüft, ob das Gewicht des Werkstücks zulässig ist. Bei einem Gewicht über 800 g kann der benötigte Saugdruck zum Heben nicht aufgebaut werden, und die Sicherheit der Anlage ist beeinträchtigt. Anschließend wird die maximale Geschwindigkeit, die mit dem von der PicAlfa gegriffenen Werkstückgewicht erreicht werden kann, berechnet. Ist die maximale Geschwindigkeit nicht viel größer als die Förderbandgeschwindigkeit, wird eine Fehlermeldung übertragen. Anschließend wird geprüft, ob ein Überholmanöver mit der Geschwindigkeit und den Startpositionen von beiden Werkstücken möglich ist. Wenn der Platz nicht ausreicht, wird eine Fehlermeldung übertragen. Reicht der Platz aus, wird das Überholmanöver ausgeführt. Anhand der Alternativen im Sequenzdiagramm kann der Tester konkrete Testeingaben ableiten z. B. Überprüfen des Überholmanövers mit einem Werkstück größer 800 g oder einem Werkstück mit 700 g, was für die PicAlfa tragbar wäre, die resultierende Geschwindigkeit aber kleiner als die Förderbandgeschwindigkeit. Des Weiteren kann auf oberster Hierarchieebene auch ein Sequenzdiagramm erstellt werden, das testet, ob der gesamte Überholvorgang erfolgreich ablaufen kann. Dieses Sequenzdiagramm ist in Abbildung 3.28 dargestellt.

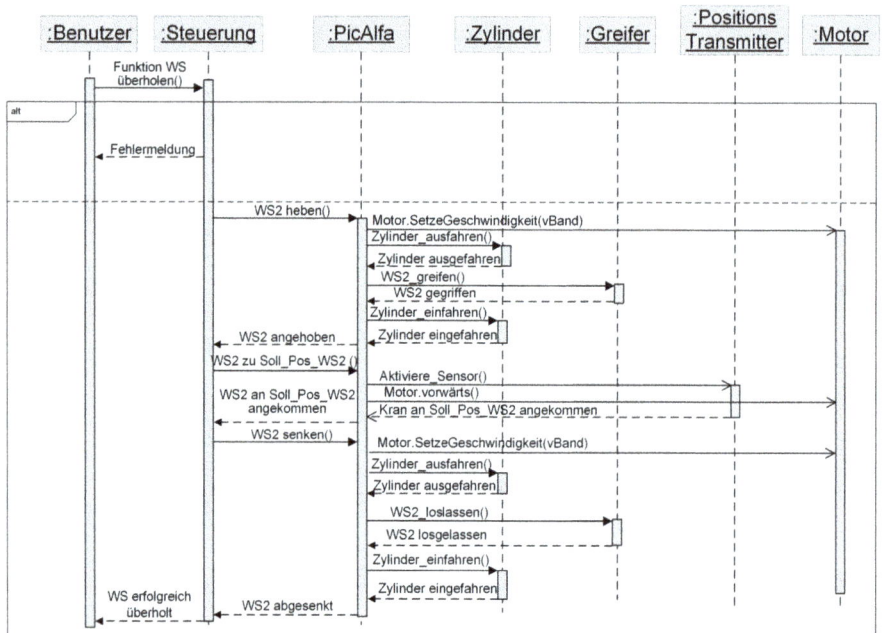

Abb. 3.28: Sequenzdiagramm mit allen beteiligten Objekten des gesamten Überholvorgangs und Operator (Benutzer).

In diesem Sequenzdiagramm wird die gesamte Funktion „WS überholen" auf der funktionalen Ebene geprüft. Es entspricht einer Art Sammelmeldung für all die Fehlerfälle, die in den vorherigen Sequenzdiagrammen nicht explizit modelliert wurden. Tritt während des Ausführens der Schritte ein Fehler auf, erhält das Testpersonal eine Fehlermeldung. Verläuft alles nach Plan, wird dem Testpersonal das erfolgreiche Durchlaufen des Überholmanövers gemeldet.

Wenn aus dem Sequenzdiagramm für ein mechatronisches System Code für Testfälle generiert wird und aus dem Klassen- und Zustandsdiagramm der Funktionscode, dann besteht die Gefahr, dass die gleichen Fehler im Modell sowohl in der Testsoftware als auch im Funktionscode existieren und damit der Test diese Fehler nicht finden kann.

3.4 Zusammenhang von Testfall- und Anforderungsmodellierung

Sequenzdiagramme modellieren Testfälle zu konkreten Anforderungen. Eine Verlinkung der als Sequenzdiagramme modellierten Testabläufe zu den jeweiligen Anforderungen ermöglicht, den Abdeckungsgrad der Anforderungen durch Testfälle zu bewerten.

Anforderungen können im Unterschied zur UML in der SysML im Anforderungsdiagramm dargestellt werden. Es beschreibt alle Anforderungen aus dem Pflichtenheft und strukturiert diese hierarchisch in einem Diagramm. Ein Ausschnitt eines Anforderungsdiagramms für die xPPU ist in Abbildung 3.29 zu sehen.

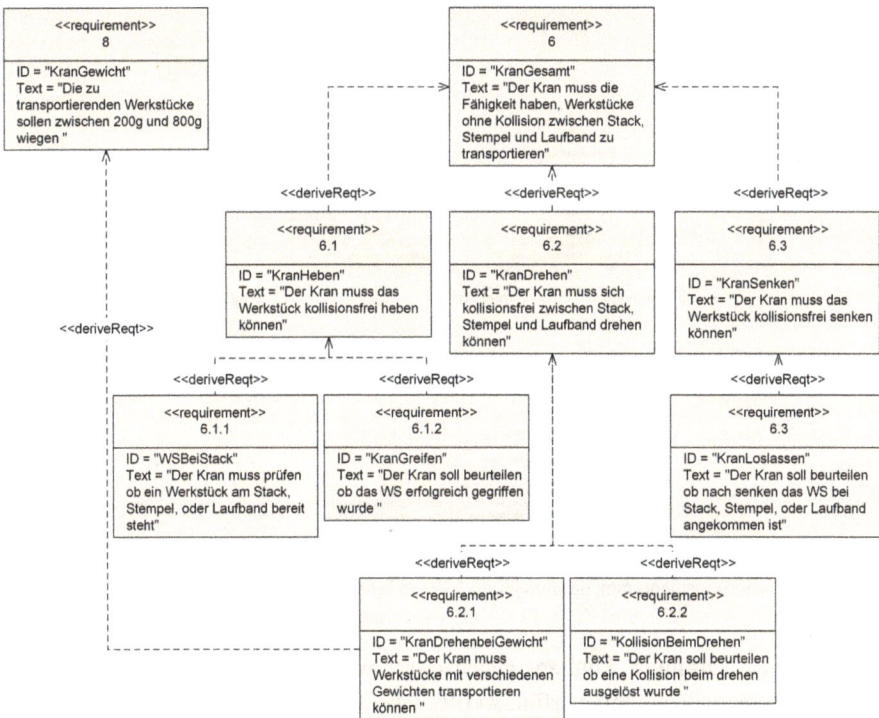

Abb. 3.29: Teil eines Anforderungsdiagramms für die xPPU mit Fokus auf das Bauteil Kran.

Ein Anforderungsdiagramm dient dazu, die Anforderungen für ein Bauteil oder eine Funktion formalisiert darzustellen. Für jede Anforderung an das System wird ein Anforderungsblock (gekennzeichnet mit dem Begriff «requirement») angelegt. Der Block ist numerisch gekennzeichnet (z. B. 6.2.2.). Im Hauptteil des Blocks werden die Anforderungen textuell formuliert und mit einer eindeutigen Kenn-ID versehen. Durch Hierarchiebeziehungen können die Anforderungsblöcke anschließend nach Hierarchien angeordnet werden. Es gibt zum Beispiel die Beziehung „deriveReqt", welche die Anforderungen verbindet, die sich voneinander ableiten. So leitet sich in Abbildung 3.29 zum Beispiel die Anforderung „6.2.1" von den Anforderungen 8 und 6.2 ab.

Das Anforderungsdiagramm in Abbildung 3.29 kann um Zeitaspekte erweitert werden (Abbildung 3.30). Das zeitliche Verhalten von mechatronischen Systemen ist wesentlich für den ordnungsgemäßen und zuverlässigen Betrieb. Häufig wird dazu sogenanntes Echtzeitverhalten erwartet, also das Ausführen einer Aktion vor einem absoluten oder relativen Zeitpunkt oder erst danach oder in einem Zeitraum. Je nach Komplexität und Kritikalität des Systems und den Anforderungen des Kunden können Anforderungsdiagramme weiter verfeinert werden.

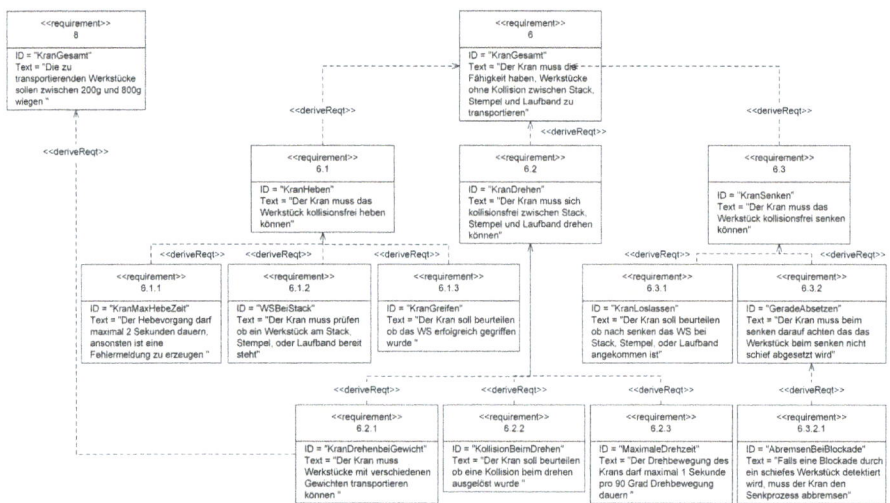

Abb. 3.30: Anforderungsdiagramm, das Abbildung 3.29 um Echtzeitanforderungen erweitert.

Anforderungsdiagramme können gleichzeitig aufzeigen, welche Anforderungen von welchen Modellelementen erfüllt werden. Das ist in Abbildung 3.31 gezeigt.

Das Anforderungsdiagramm aus Abbildung 3.29 wurde erweitert. Es kommen zwei „namedElement"-Objekte hinzu, die mit Namen ein Diagramm spezifizieren, das eine Anforderung adressiert. So modelliert zum Beispiel das Diagramm „Sequenzdiagramm-Greifen" (abgebildet in Abbildung 3.23), wie die Anforderung „Der Kran soll beurteilen, ob das WS erfolgreich gegriffen wurde" adressiert wird. Das Sequenzdiagramm „SequenzdiagrammKranDrehen" (abgebildet in Abbildung 3.32) modelliert dies für die Anforderung „Der Kran muss Werkstücke mit verschiedenen Gewichten transportieren

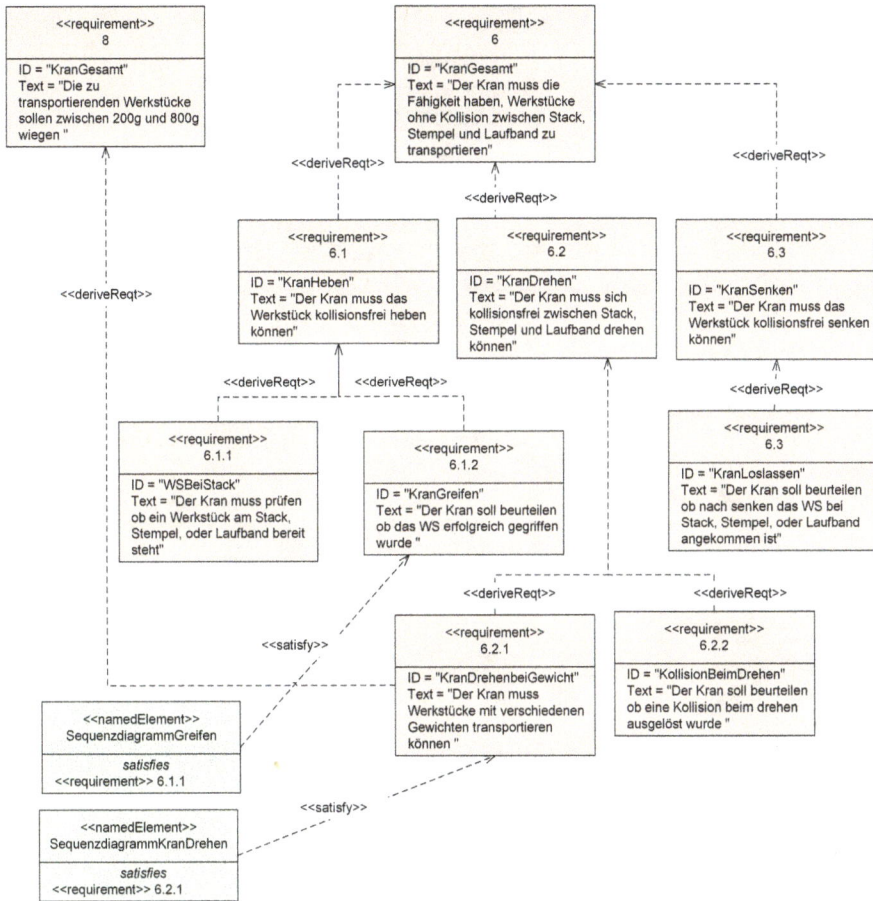

Abb. 3.31: Anforderungsdiagramm, das die Erfüllung einzelner Anforderungen mit der «satisfy»-Beziehung durch Systemkomponenten «namedElement» zeigt.

können". Im Idealfall kann ein Entwickler im Anforderungsdiagramm durch Verlinkungen auf die entsprechenden UML-Diagramme angeben, wie jede Anforderung des Kunden erfüllt wurde. Die Notationselemente des Anforderungsdiagramms sind in Appendix A.2.1 zusammengefasst.

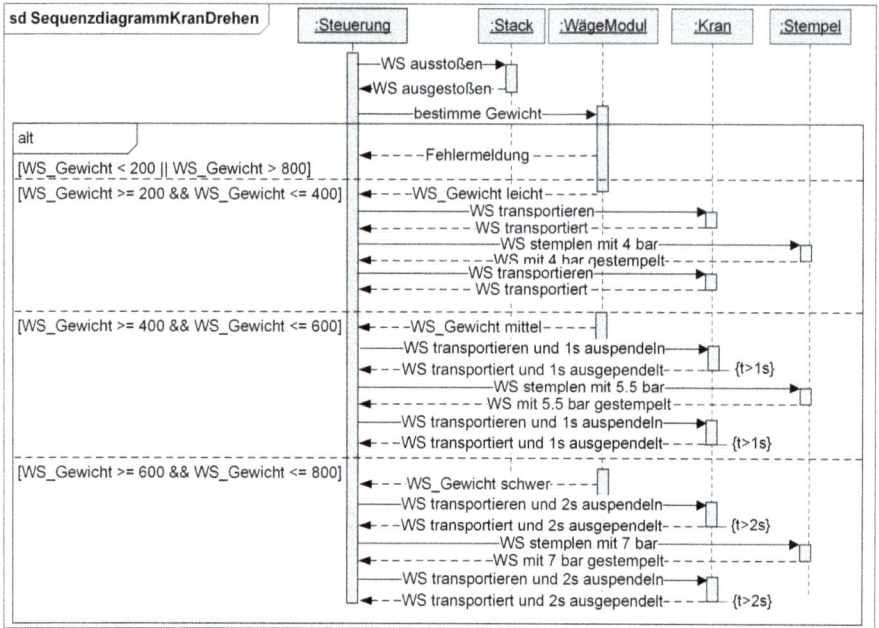

Abb. 3.32: Sequenzdiagramm, des Transports verschieden schwerer Werkstücke durch den Kran.

4 Interdisziplinäre Modellierung – Systems Engineering mit der Systems Modeling Language (SysML)

Die Systems Modeling Language (SysML) ist eine grafische Modellierungssprache, die auf UML basiert (vgl. Abbildung 1.1). Der Zweck von SysML ist die Modellierung von komplexen Systemen im Sinne des Systems Engineering, also der Systemsicht und nicht nur einer einzelnen Sicht, wie der Software. Es gibt mehrere Konzepte, SysML für die Integration verschiedener Disziplinen zu nutzen:

– Ein integriertes abstrakteres SysML-Modell zur Ankopplung von detaillierten, disziplinspezifischen Simulationsmodellen [11]
– Erweitertes SysML Profil (SysML4vAT) für die Verteilung von Softwarefunktionen auf mehrere Automatisierungshardwaresysteme inklusive automatischer Codegenerierung für diese SPS-basierten Automatisierungsgeräte [12]
– Kopplung disziplinspezifischer Teilmodelle (CAD, CAE, Software, Anforderungen) mit Identifikation von Inkonsistenzen (SysML-Profil-SysML4Mechatronics) [13]
– Integration von Komponenteneigenschaften (ECLASS, REXS), wie auch später in Kapitel 4.1 beschrieben

Das bereits in Kapitel 3 mit UML modellierte Applikationsbeispiel der xPPU wird im Folgenden in die Systems-Engineering-Domäne überführt und mit der SysML modelliert. Dies erleichtert den Vergleich beider Beschreibungsmittel. Zunächst wird eine einzelne Komponente, ein Zylinder, betrachtet und danach Teile der xPPU. Abschließend werden die Module betrachtet, die benötigt werden, um das Überholmanöver der PicAlfa zu realisieren (vgl. Abbildung 3.7).

4.1 Vorteile des Internen Blockdiagramms gegenüber dem Klassendiagramm bzw. Blockdefinitionsdiagramm

In der UML wurde die Struktur des Systems mit Klassendiagrammen und Objektdiagrammen modelliert. Das Klassendiagramm existiert auch in der SysML, wird aber Blockdefinitionsdiagramm (BDD) genannt und weist eine leicht andere Notation auf. Die Blöcke (bisher Klassen) können mit zusätzlichen Angaben modelliert werden. Der Block in Abbildung 4.1 zeigt die Teilsegmente eines BDD-Blocks. Der Abschnitt „parts" listet Komponenten, die dem Block untergeordnet sind, auf (vgl. Komposition und Aggregationsbeziehungen im Klassendiagramm). Die Multiplizität ist hierbei gleichbedeutend mit der Kardinalität des Klassendiagramms.

In der SysML gibt es zusätzlich das Interne Blockdiagramm (IBD), welches den inneren Aufbau der Komponenten des BDD oder auch des gesamten Systems im Sinne einer abstrahierten Explosionszeichnung (White-Box) darstellt. Dabei sind die sogenannten

https://doi.org/10.1515/9783111429717-004

«block» Name
parts Name : Typ [Multiplizität]
references Name : Typ [Multiplizität]
values Name : Typ = Defaultwert
constraints {Constraint}
ports Name : Typ [Multiplizität]
operations Name(Übergabeparameter : Typ)

Abb. 4.1: Modellierungssyntax von einem Block in einem BDD.

„Ports" das wesentliche Element zur Beschreibung von Verbindung zwischen Objekten. Im Folgenden wird eine wesentliche mechatronische Komponente der PPU und xPPU, der Pneumatikzylinder, in einem BDD bzw. IBD modelliert. Solche Pneumatikzylinder werden auch in vielen Anlagen zur Automatisierung von Montageprozessen eingesetzt.

Der bistabile Zylinder verfügt über zwei Pneumatikventile, die das Ein- bzw. Ausfahren des Zylinders bewirken. Ob der Zylinder die Endposition Eingefahren bzw. Ausgefahren erreicht, wird mittels der beiden Sensoren detektiert (siehe Abbildung 4.2). Im Block des bistabilen Zylinders werden zusätzlich zu den Methoden (jetzt „operations"

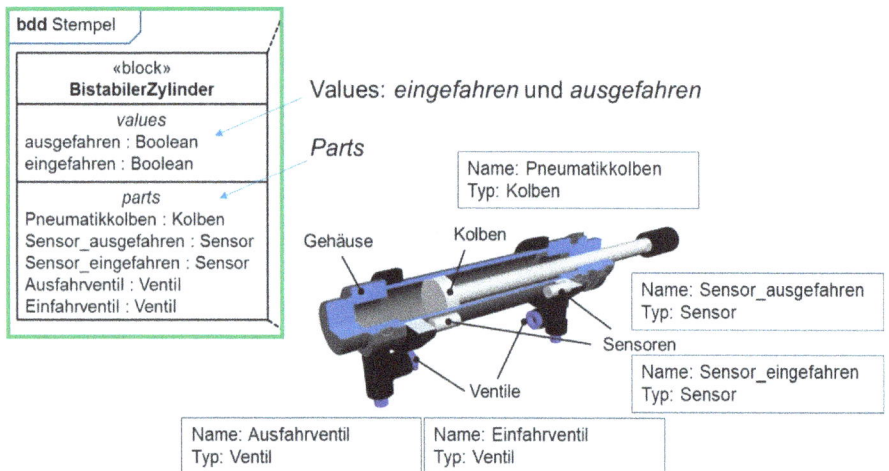

Abb. 4.2: Modellierung des Pneumatikzylinder als Block in einem BDD (Anmerkung: constraints, references und operations hier zunächst vernachlässigt).

genannt) und Attributen (jetzt „values" genannt) die Bestandteile der Komponente („parts") sowie von außen vorgegebene Einschränkungen („constraints") und Verweise auf andere Bestandteile des Systems („references") aufgeführt (vgl. Abbildung 4.1).

Das Interne Blockdiagramm (siehe Abbildung 4.3) des bistabilen Pneumatikzylinders zeigt die Verbindung der Parts untereinander und gleichzeitig die Verbindungen zu anderen Komponenten an den Grenzen des Modells. Die Kolbenposition wird über die Sensoren gemessen und als Informationsfluss (Signal vom Typ Boolean) vom Pneumatikkolben über die Sensoren als Ausgangsfluss an der Systemgrenze modelliert. Die Druckversorgung wird als Ein- und Ausgang des Mediums Luft von der Systemgrenze zum Eingangs- bzw. Ausgangsventil zum Pneumatikkolben modelliert.

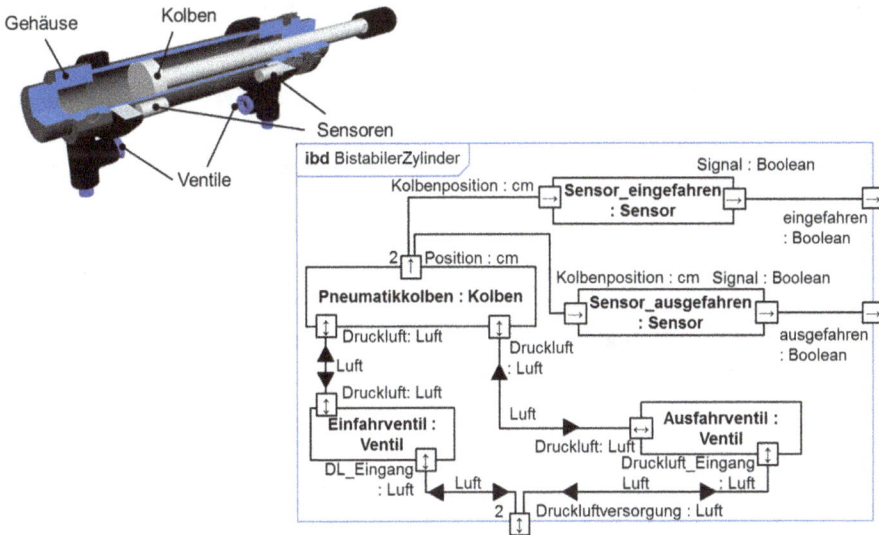

Abb. 4.3: Modellierung des Pneumatikzylinders als IBD-white-Box des Pneumatikzylinders als Detaillierung des BDD.

Die Ports folgen dem Stecker-Steckdosen-Prinzip. Es können keine zwei Stecker oder zwei Steckdosen kombiniert werden. Zugleich kann kein Stecker für das Medium Wasser in eine Steckdose für das Medium Luft, oder in eine Informationssteckdose gesteckt werden. Ports haben – wie die Pfeile in den Kästen andeuten – eine oder auch zwei Richtungen und können auch mehrere Flüsse beinhalten, wobei diese als nicht-atomare Ports bezeichnet werden. Bei nicht-atomaren Ports wird zusätzlich eine Flussspezifikation erstellt (vgl. Abbildung 4.4), die im BDD definiert wird. Ein Beispiel ist ein USB-Anschluss, bei dem vom PC nicht nur eine Information geholt oder gesandt wird, sondern auch Energie, beispielsweise an eine externe Festplatte. Mit den Ports können grundsätzlich Materie, Daten oder Energieflüsse modelliert werden. Die Notationsübersicht zum IBD ist im Appendix A.2.3.

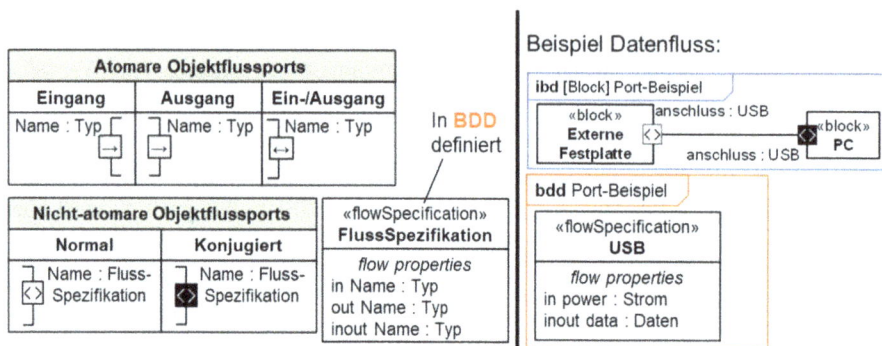

Abb. 4.4: Verschiedene Portarten, zulässige Kombinationen als Teil des IBD und die Flussspezifikation nicht-atomarer Ports als Teil des BDD, am Beispiel eines USB-Anschlusses (rechts).

Die Funktion der PicAlfa als Teil der xPPU wird in einem SysML-Blockdefinitions-diagramm (BDD) ähnlich wie in dem UML-Klassendiagramm modelliert (siehe Abbildung 4.5). Zur Integration der verschiedenen Disziplinen in der Modellierung mit SysML werden im Folgenden eine funktionale Sicht (im Sinne der Anforderungen an das System), eine mechanische Sicht, eine elektrisch/elektronische (hier als physical view bezeichnet) Sicht sowie eine Softwaresicht der Systemrealisierung modelliert. Aus diesem Grund wird z. B. die PicAlfa in ihre jeweiligen Einzelkomponenten zerlegt modelliert.

In diesem Modell (Abbildung 4.5) werden die Attribute (values) der verwendeten mechatronischen Komponenten (Kaufteile) gemäß des Standards ECLASS [14] bzw. Reusable Engineering Exchange Standard (REXS) [15] angegeben. Dies wurde bereits in der funktionalen Sicht durch References zu extern „gedachten" Blöcken REXS und ECLASS realisiert. Um die Funktionalität der PicAlfa zu realisieren, müssen das PicAlfa-Förderband (Conveyor) und der PicAlfa-Kran (PicAlfaCrane) zusammenarbeiten. In Abbildung 4.5 umfasst der Block „PicAlfaUnit" den Kran (PicAlfaCrane) und die Schiene (Sliding Rail), auf der sich der Kran horizontal bewegt, inklusive der jeweils zugehörigen Subkomponenten. Die Beziehungen werden analog zum Klassendiagramm mit Kompositionsbeziehungen realisiert. Zusätzlich tauchen die untergeordneten Bauteile als „part properties" im Blockabschnitt auf, der gekennzeichnet ist durch das Kennwort „parts".

Das BDD aus funktionaler Sicht wird anschließend in einem Internen Blockdiagramm (IBD) verfeinert (siehe Abbildung 4.6).

Um die Information des BDDs (Abbildung 4.5) zu detaillieren, soll normalerweise ein IBD für jeden Block erstellt werden. Darauf wird erst einmal verzichtet, und stattdessen wird ein IBD zum BDD-Block xPPU in Abbildung 4.5 erstellt, das als Übersicht der Kommunikation aus funktionaler Sicht dient. Das IBD stellt also nicht nur einzelne Komponenten des BDD detaillierter dar. Die Schnittstellen zwischen den Blöcken, über die Funktionen und Variablen ausgetauscht werden, sind als IBD-Ports modelliert. Eine Schnittstelle zum Rest der xPPU wird mit dem Port außerhalb der Systemgrenze „To

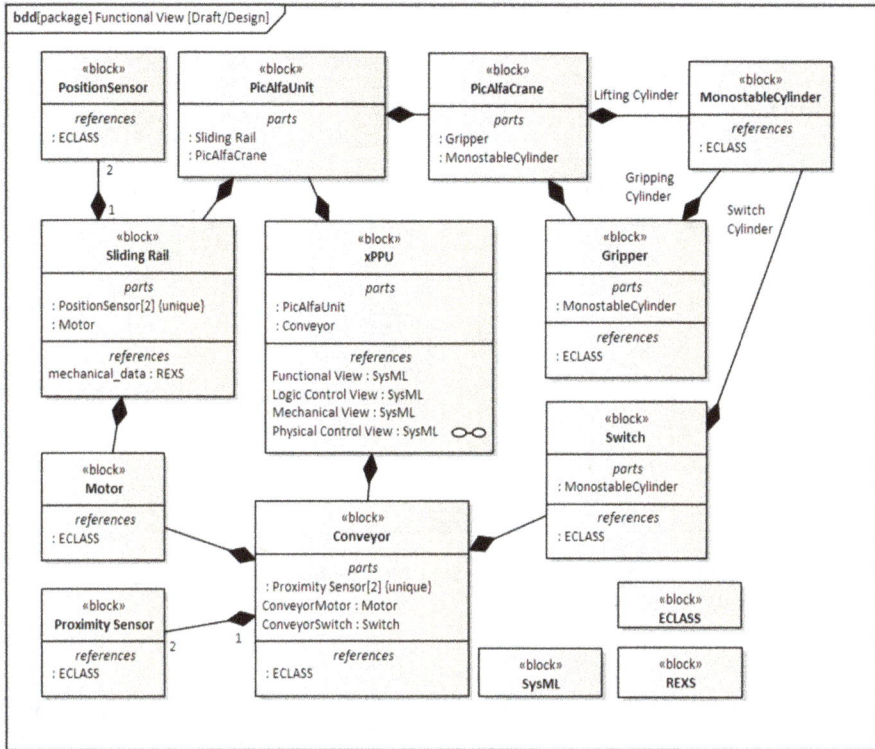

Abb. 4.5: Blockdefinitionsdiagramm aus funktionaler Sicht – nur funktional nötige Module für das Überholmanöver angedeutet.

Control Unit" modelliert. Um die Kommunikation zwischen den PicAlfa-Komponenten Greifer, Kran, Hebezylinder, und Schiene zu modellieren ist ein Austausch von einfachen Variablen oder Funktionen nicht ausreichend. Um diese komplexe Synchronisationsbewegungen abzubilden, wird in Abbildung 4.7 ein Weg-Zeit-Diagramm verwendet. Das Weg-Zeit-Diagramm ist in diesem Fall ergänzend zum bisherigen SysML-Standard als Bewegungsbeschreibung in den frühen Phasen der Entwicklung vorgeschlagen und eignet sich insbesondere auch zur Darstellung von zeitlichen Zusammenhängen sowie Zeitbedingungen. Das Weg-Zeit-Diagramm hat sich in Unternehmen des Maschinenbaus bewährt [16], obwohl Editoren in den meistverwendeten Engineering-Umgebungen fehlen und es in der UML nur stark vereinfacht als UML Timing Diagramm existiert.

In diesem Weg-Zeit-Diagramm werden die verschiedenen Teilbewegungen der PicAlfa, die synchronisiert werden müssen, beschrieben. Dabei wird die Bewegung in vier Teile unterteilt. „WP_Gripped" (1) beschreibt das erfolgreiche Ansaugen des Werkstücks, „Vertical Movement" (2) das Ein- und Ausfahren des Kranzylinders, „Horizontal_Movement" (3) die Bewegung des Krans entlang der Schiene (Sliding Rail) und „Horizontal Speed" (4) das Geschwindigkeitsprofil der horizontalen Bewegung. Es werden verschie-

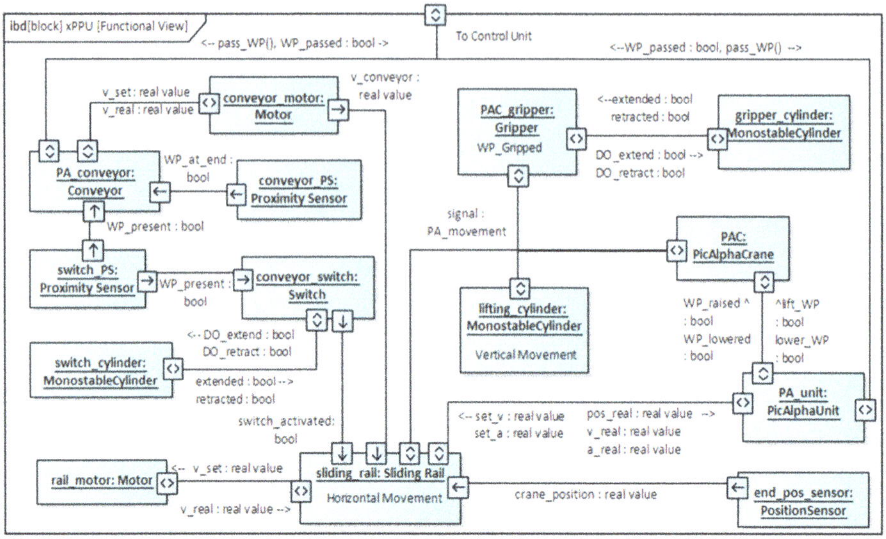

Abb. 4.6: Internes Blockdiagramm aus funktionaler Sicht. Die Kommunikationsinterfaces zwischen funktionalen Einheiten werden als IBD-Ports modelliert.

dene Profile für unterschiedliche Gewichte angedeutet. Das Werkstück wird zu Beginn angesaugt, anschließend hebt sich der Kran („Vertical Movement"). Während des Hebevorgangs, der je nach Werkstückgewicht langsamer durchgeführt wird, wird die jeweilige „Horizontal Speed" bestimmt, mit welcher sich die PicAlfa nach Erreichen der Top-Position horizontal bewegen soll. Durch gestrichelte Linien werden Interaktionen zu bestimmten Zeitpunkten zwischen den Verläufen modelliert.

Das Sequenzdiagramm ähnelt dem Weg-Zeit-Diagramm am meisten und ist Bestandteil des SysML-Standards. Für das Überholmanöver wird in Abbildung 4.8 deshalb auch ein Sequenzdiagramm erstellt. Während das Weg-Zeit-Diagramm zur leichteren Veranschaulichung nur die anfängliche Koordinierung von PicAlfa-Kran und Sliding Rail ab erfolgreichem Greifen des Werkstücks (Antwort WP_gripped) zeigt, ist im Sequenzdiagramm der komplette Transport des Werkstücks visualisiert: Das Werkstück wird erkannt, vom fahrenden Förderband gegriffen, gleichzeitig vertikal und horizontal bis zu der Position (position_reached) verfahren, ab welcher der Absetzvorgang gestartet wird und letztendlich wieder auf dem fahrenden Förderband abgesetzt. Der PicAlfa-Kran wird im Sequenzdiagramm durch seine drei Teilkomponenten PA_crane zur übergeordneten Koordination, lifting_cylinder für die vertikale Bewegung (vgl. Vertical Movement (2) im Weg-Zeit-Diagramm) und PAC_gripper für das Greifen des Werkstücks, repräsentiert.

Im Vergleich zu dem Weg-Zeit-Diagramm in Abbildung 4.7 fehlen in Abbildung 4.8 die zeitlichen Informationen zur Synchronisation der teilnehmenden Komponenten. Ohne Angaben zur typischen Dauer einer Aktion wie zum Beispiel „DO_extend()" und

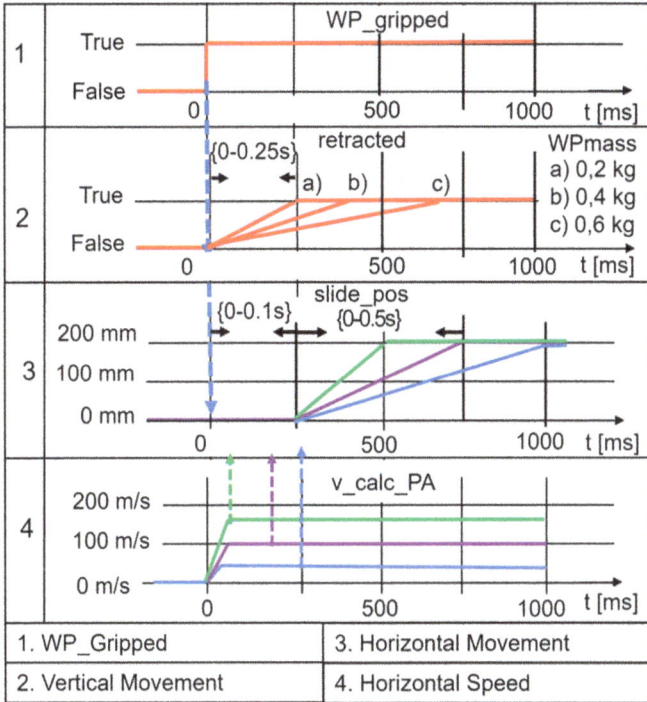

Abb. 4.7: Weg-Zeit-Diagramm, das die Bewegung zwischen dem Sliding Rail der PicAlfa (Horizontal Movement) und dem PicAlfa-Kran (Vertical Movement) zeitlich abstimmt (Achtung: Diagramm existiert nur vereinfacht als Timing-Diagramm in der UML/SysML).

ohne Zeitstempel von Ereignissen fehlen wichtige Informationen, um das Überholmanöver zeitlich zu synchronisieren. Erschwerend kommt hinzu, dass die zeitlichen Informationen des Sequenzdiagramms nicht zur Codegenerierung genutzt werden können, im Vergleich zu dem Codegenerierungsansatz aus dem Weg-Zeit-Diagramm von Rösch et al. [16]. Die Kommunikation, die bereits in Abbildung 4.7 angedeutet wurde, kann hier allerdings gut visualisiert werden.

Um die in Abbildung 4.7 und Abbildung 4.8 geplante Synchronisation in der Realität umzusetzen, fehlt noch die Berücksichtigung von Kommunikationsverzögerungen. Jedes Mal, wenn ein Signal über Bus- oder Direktverbindung übertragen wird, entsteht eine Verzögerung aufgrund der Signallaufzeit und des Buszugriffsverfahrens. Außerdem ist jeder Rechen- und Umwandlungsschritt mit einer weiteren Verzögerung belegt. Bei präzisen Bewegungen ist es wichtig, dass diese Verzögerungen in die Berechnungen miteinbezogen werden. In Abbildung 4.9 wurde ein IBD genutzt, um genau die Elemente zu modellieren, die diese Verzögerung verursachen. Je Element ist die jeweilige Operations- oder maximale Verzögerungszeit (delay_time) angegeben, optional können im IBD Anforderungen an die maximale Verzögerungszeit einzelner Elemente (z. B. max_bus_delay = 1 ms für Profibus: Field Bus) hinterlegt werden.

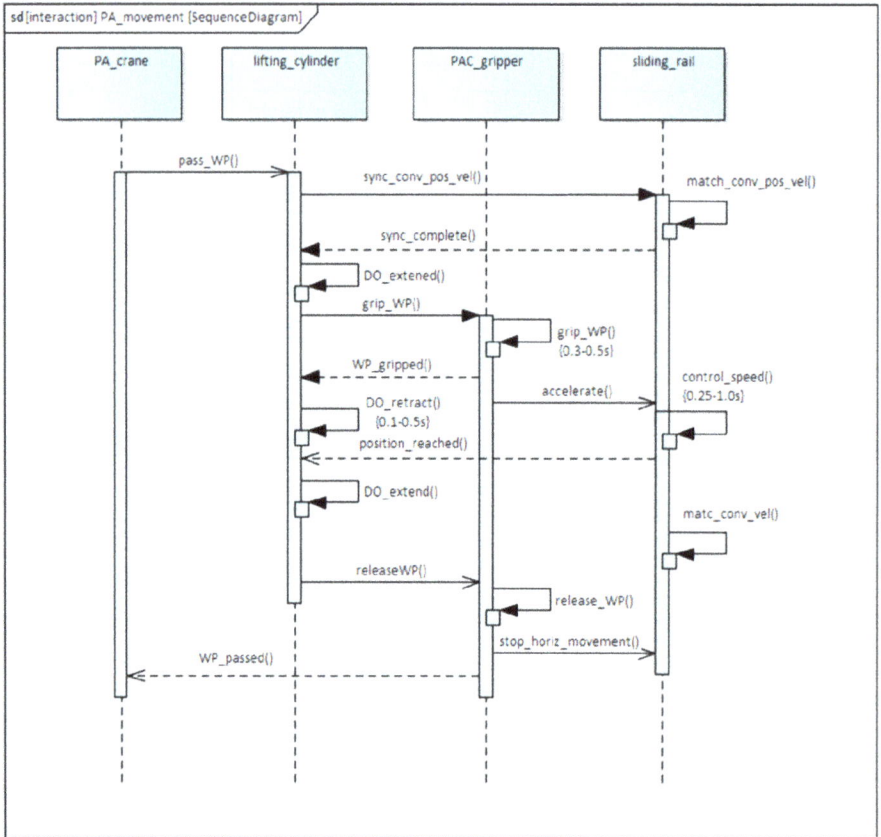

Abb. 4.8: Sequenzdiagramm des Überholvorgangs an der PicAlfa, mit Fokus auf die Softwaresicht.

Die Kommunikation zwischen den einzelnen Komponenten der xPPU wird nun aus physikalischer Sicht modelliert. Die Flows repräsentieren konkrete analoge bzw. digitale Signale, die in der Kommunikationskette übertragen werden. Aus diesem Grund werden auch andere Ports und Komponentenverbindungen gezeigt. Das Modell ist als eine Art „Verzögerungskette", von Sensor zu Aktor strukturiert. Der Sensor ist mit einer Messzeit belegt, die sich bei einem Näherungssensor aus der in ECLASS standardisierten „switch frequency" ableitet. Das gemessene Signal wird zur zentralen Recheneinheit kommuniziert, und erfährt auf dem Weg Verzögerungen aufgrund des A/D Wandlers, der Buskopplung und des Feldbusses. Nach einer Zykluszeit der PLC wird eine Reaktion an den Aktor, hier den Motor, übermittelt. Auf diesem Weg kommen wieder Verzögerungen dazu.

Im Anschluss wird die Software-, genauer, die Steuerungssicht spezifiziert, im Folgenden als logische Sicht bezeichnet. Abbildung 4.10 zeigt ein BDD aus der logischen Steuersicht.

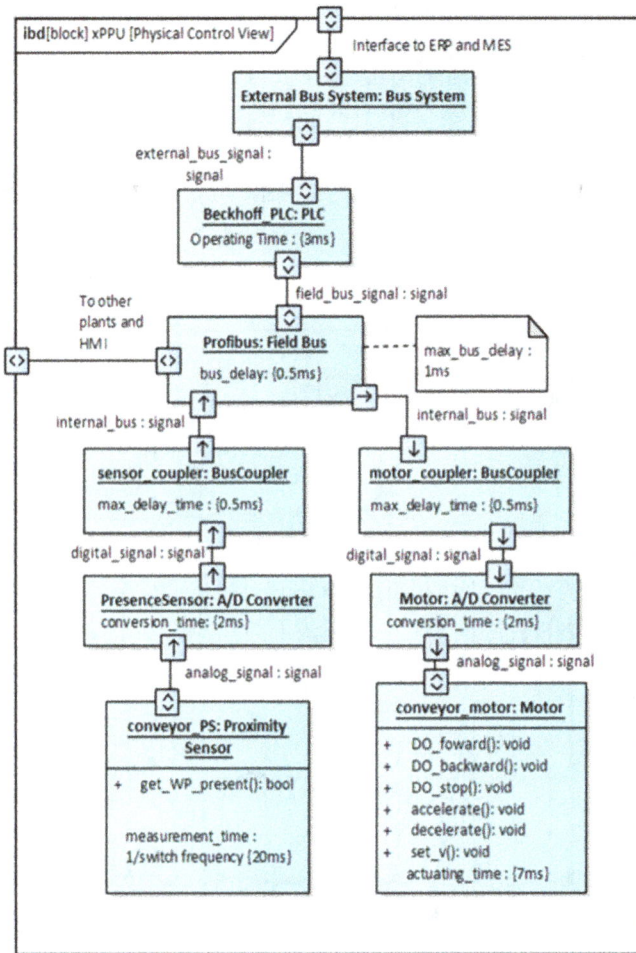

Abb. 4.9: Internes Blockdiagramm der Verzögerungszeiten zwischen Sensor und Aktor des PicAlfa-Förderbands entsprechend der Signalfortpflanzung vom Sensor zum Aktor [18].

In diesem Diagramm wird die gesamte Struktur des xPPU-Systems aus logischer Sicht modelliert. Die Properties der Blöcke sind hier ausführlich aufgelistet. Anhand dieses Diagramms werden im Folgenden unter anderem die Unterschiede zwischen den SysML „PartProperties" und „ReferenceProperties" erläutert. Beide Property-Arten haben als Typ einen anderen SysML-Block. Eine „PartProperty" stellt eine Kompositionsbeziehung zwischen den Blöcken dar (analog Assoziationsbeziehungen in Klassendiagrammen). In Abbildung 4.10 ist zum Beispiel der Block „PLC" ein Teil des Blocks „xPPU" und der Block „Motor" ein Teil des Blocks „PicAlfaCrane". Bei einem „ReferenceProperty" wird keine solche Beziehung aufgebaut. Klassifikationen und Datenblätter werden zwar von ihren jeweiligen Blöcken referenziert, werden aber kein „Teil" dieser.

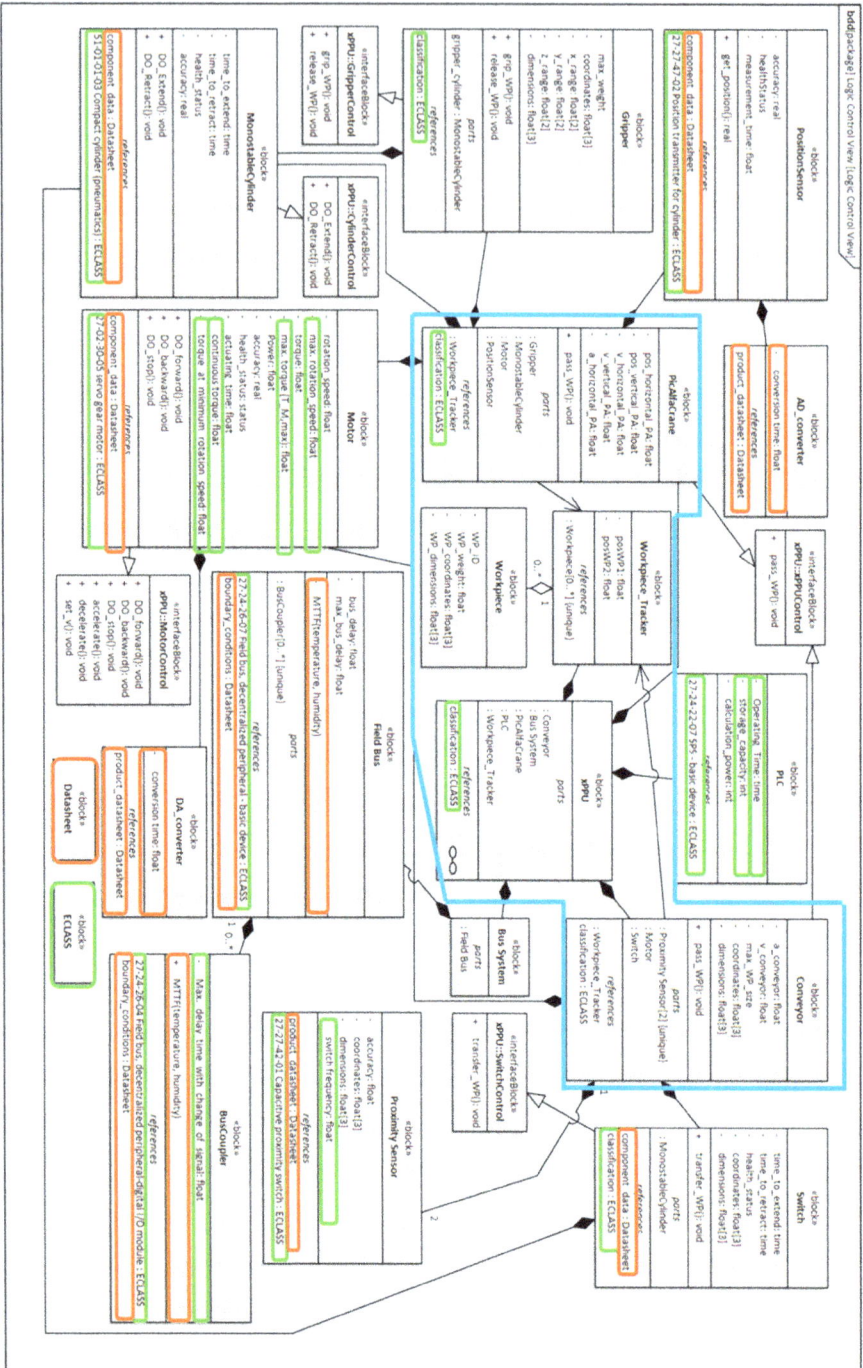

Abb. 4.10: Blockdefinitionsdiagramm, das die Beziehung zwischen xPPU und PicAlfa aus Steuerungssicht (logische Sicht) betrachtet.

In grünen Kästchen in Abbildung 4.10 sind Properties gekennzeichnet, die in den Herstellerangaben gemäß ECLASS-Standard enthalten sind. In hellorangen Kästchen wiederum sind Properties gekennzeichnet, die sich von Produkt-Datenblättern ableiten lassen. Nicht alle der zur Entwicklung notwendigen Eigenschaften (Properties) sind im ECLASS-Standard enthalten, deshalb müssen in diesen Fällen zusätzliche Angaben aus den Produktkatalogen der Hersteller entnommen werden. Die Logik-Verbindungen zwischen den modellierten Bauteilen werden im IBD in Abbildung 4.11 modelliert.

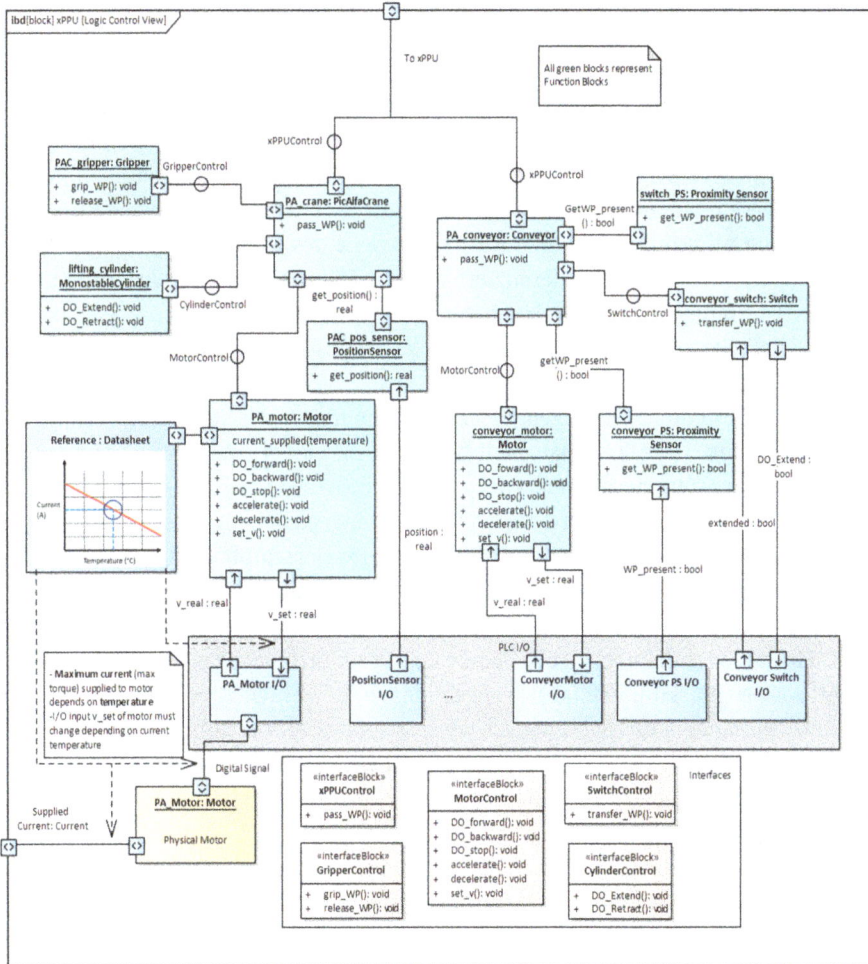

Abb. 4.11: Internes Blockdiagramm, das die logischen Verbindungen basierend auf dem logischen BDD in Abbildung 4.10 zeigt.

In diesem IBD wurde besonderer Wert darauf gelegt, die verschiedenen Eingangs-/Ausgangs (I/O)-Schnittstellen zu identifizieren, um Probleme zwischen diesen besser aufzeigen zu können. Deshalb wird zum Beispiel der Block „PA_Motor" zwei Mal modelliert: Einmal aus Steuerungssoftware-Sicht in blaugrün und zweitens als Hardwareversion des Motors in gelb. Dazwischen ist eine I/O-Schnittstelle angebracht. Auch wurde mit der Einbeziehung von Kennfeldern statt Kennwerten für Properties experimentiert, weil solche Kennfelder häufig für Umgebungsbedingungen und in der Getriebeauslegung benötigt werden.

Dieses Konzept wurde in Abbildung 4.13 noch weiter verfeinert, indem ein BDD aus mechanischer Sicht entworfen wurde. Modelle können eine „Single Source of Truth" eines System-Designs sein. Dies bedeutet, dass sämtliche für das System relevanten Spezifikationen, Konfigurationen und alle sonstigen Entwicklungsartefakte dieses Systemmodell referenzieren. Um ein System-Modell tatsächlich vollständig als Referenz nutzen zu können, müssen somit auch Informationen über mechanische Eigenschaften vollständig in diesem hinterlegt werden. Dieser Ansatz ist in dem hier gezeigten BBD angedeutet, indem relevante Kennlinien für das Getriebe des Krans als Blöcke modelliert sind, die vom Getriebeblock referenziert werden. Die praktische Realisierung dieses Ansatzes und Implementation in kommerziellen Werkzeugen sind bisher jedoch noch offen, weshalb System-Modelle oftmals noch keine vollständige, einheitliche Quelle für alle Informationen sind [19].

Ein BDD kann oft nicht die genauen Zusammenhänge zwischen verschiedenen Attributen abbilden. Die Messgenauigkeit eines Sensors hängt zum Beispiel mit der Zykluszeit der Steuerung zusammen, jedoch werden diese zwei Attribute separat und entkoppelt in einem BDD modelliert. Auch das IBD ist ungeeignet, um diese Verbindung zu modellieren. Das Parameterdiagramm (PAR) hingegen verknüpft verschiedene Attribute (auch Parameter bzw. values genannt) aus einem BDD mittels Gleichungen. Das PAR in Abbildung 4.12 beschreibt beispielhaft die Berechnung des Parameters „Overtake Start Time", ein Wert der die noch verbleibende Zeit berechnet, bevor ein Überholmanöver initiiert werden muss, um erfolgreich abgeschlossen zu werden. Diese Berechnung wird in der Box Nummer 4 durchgeführt. Als Voraussetzung dafür müssen vorher die Zeiten „$t_{measuredelay}$", „$t_{actuatingdelay}$" und die „PicAlfa Movement Time" berechnet werden. In Abbildung 4.12 werden die Berechnungen der ersten zwei Zeiten (mit 5 und 6 gekennzeichnet) nicht weiter detailliert. Die Berechnung der „PicAlfa Movement Time", also der Zeit, die benötigt wird, um das Überholmanöver zum aktuellen Zeitpunkt auszuführen, wird in Box 3 dargestellt. Als Input werden dazu in Box 1 das maximale Werkstückgewicht, und in Box 2 die maximale horizontale Beschleunigung der PicAlfa berechnet. Die Formeln zur Berechnung dieser Zeiten sind teilweise nicht näher detailliert, sondern stark vereinfacht. Diese Berechnungen sind in Echtzeit nötig, um ein Überholmanöver erfolgreich auszuführen. Die Notationselemente des Parameterdiagramms sind in Appendix A.2.4 erläutert.

Die Übungsaufgaben zu BDDs und IBDs sind in den Abschnitten 5.11 und 5.12 aufgeführt.

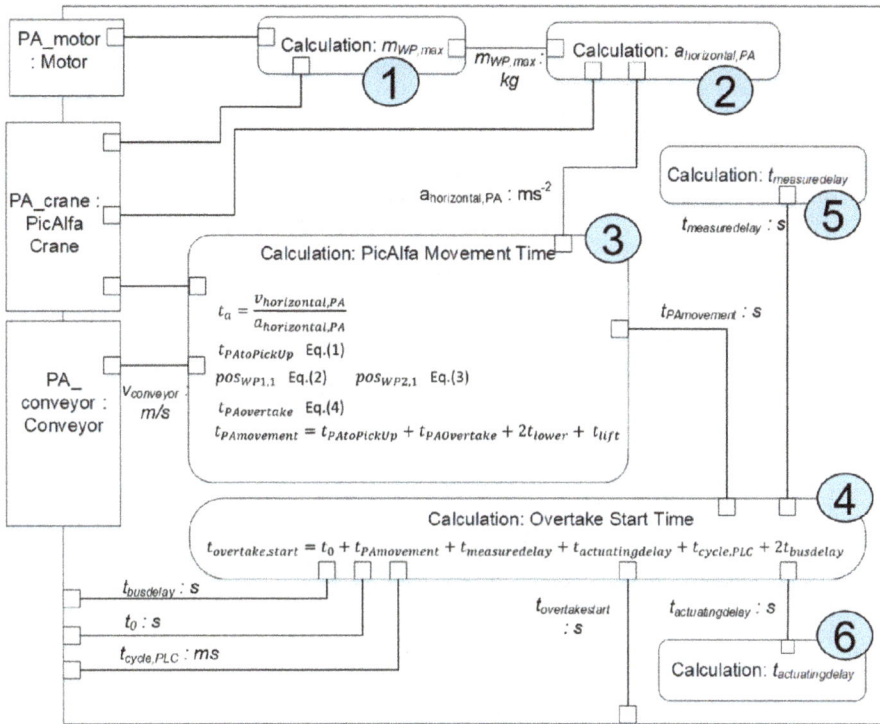

Abb. 4.12: Parameterdiagramm, in dem die Faktoren, die die Berechnung der benötigten Zeit des Überholmanövers der xPPU beeinflussen, aufgeführt werden.

4.2 SysML-Profile für spezielle Anwendungsbereiche

Falls die UML oder SysML für einen speziellen Anwendungsbereich wie die Luftfahrt, die Automobilindustrie, Echtzeitsysteme oder zur Beschreibung von sicheren Systemen nicht geeignet erscheint, kann diese mittels Stereotypen und Profilen für den jeweiligen Anwendungsbereich zugeschnitten werden. Solche domänenspezifischen Anpassungen werden in der Regel von Nutzergruppen, Verbänden oder Werkzeugherstellern initiiert und verfolgt. Selbstverständlich können auch Unternehmensgruppen oder einzelne Unternehmen ein eigenes Profil erstellen, um intern oder auch gemeinsam mit ihren Partnern die Arbeit zu vereinfachen und die Effizienz zu steigern.

4.3 SysML und/oder Matlab/Simulink

Die Modellierung mechatronischer Systeme mit UML oder SyML ist für die Informationsflüsse und Steuerungsaspekte gut geeignet, für regelungstechnische Aufgaben jedoch begrenzt geeignet. Regler-Typen können mittels Stereotypen modelliert werden bzw. die Darstellung der Gleichungssysteme im Parameterdiagramm (PAR).

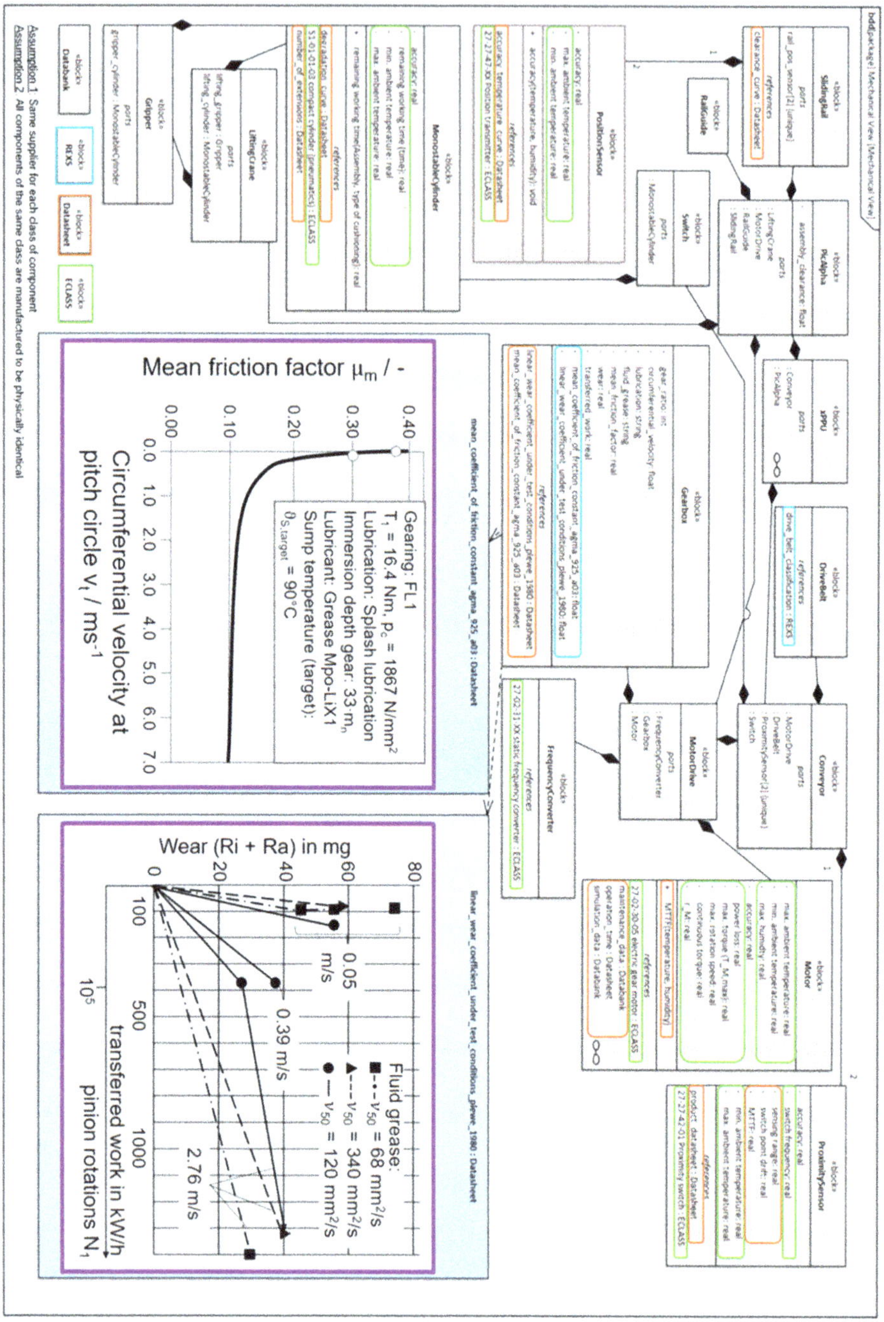

Mean friction factor μ_m / -

Circumferential velocity at pitch circle v_t / ms^{-1}

Gearing: FL1
$T_1 = 16.4$ Nm, $p_c = 1867$ N/mm^2
Lubrication: Splash lubrication
Immersion depth gear: 33 m$_n$
Lubricant: Grease Mpo-LiX1
Sump temperature (target):
$\vartheta_{S,\,target} = 90°C$

Wear (Ri + Ra) in mg

transferred work in kW·h

pinion rotations N_1

Fluid grease:
—■—·· $v_{50} = 68$ mm^2/s
—▲---· $v_{50} = 340$ mm^2/s
—●— $v_{50} = 120$ mm^2/s

0.05 m/s
0.39 m/s
2.76 m/s

Abb. 4.13: Blockdefinitionsdiagramm aus mechanischer Sicht der xPPU. Statt Definition von Properties als Literale werden Referenzen zu charakteristischen Kurven eingefügt.

Aus den Anforderungen entsteht zunächst eine Funktionssicht (functional view (concept) in Abbildung 4.14 links oben), die im BDD bzw. IBD hinsichtlich der Struktur und im Sequenzdiagramm bzw. im Weg-Zeit-Diagramm hinsichtlich des Verhaltens modelliert wird. Daraus entsteht im nächsten Schritt die logische Sicht als Verfeinerung des BDD und IBD. Aus diesen können dann bereits Vorlagen für ECAD-Stromlaufpläne und ggf. ein Gerüst (Struktur) für ein Automationsprogramm (PLC-Code) erzeugt werden (vgl. links unten). Um die drei Disziplinen der Mechatronik zu modellieren (Logical Control, Physical Control and Mechanical View), werden für jede BDD und IBD erstellt. Diese disziplinenspezifischen Modelle werden mit den zugehörigen ECLASS-Informationen angereichert und für die Getriebeseite auch mit Informationen aus REXS. Das PAR enthält Informationen aus allen drei Disziplinen sowie dem Weg-Zeit-Diagramm oder dem Sequenzdiagramm. Basierend auf dem PAR werden die Simulationsmodelle in Matlab/Simulink parametriert.

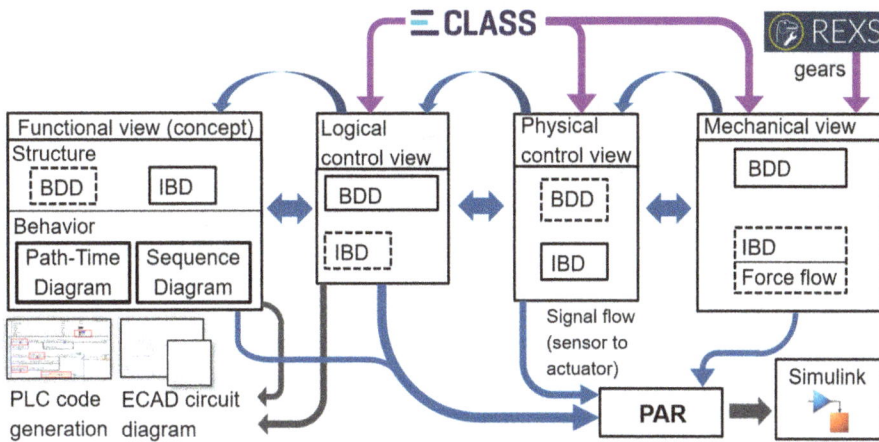

Abb. 4.14: Vorschlag zur Einbindung der SysML-Diagramme in das Modellbasierte Systems Engineering.

Die Analyse der Systemphysik in Simulink sollte vor der Fertigung der Hardwarekomponenten bzw. der Implementierung der Software durchgeführt werden. Die Genauigkeit eines Simulationsmodells ist in der Praxis durch die zulässige Unschärfe, den notwendigen Engineering-Aufwand und die dadurch entstehenden Kosten begrenzt. Selbst eine so einfache Fragestellung wie das Zusammenspiel der PicAlfa und des Förderbandes beim Überholmanöver von Werkstücken wird kompliziert. Dabei sind die Startpositionen der beiden Werkstücke und deren Masse, die Geschwindigkeit des Transportbandes und der überholenden PicAlfa zu betrachten, ebenso wie die Zeiten zum Anheben und Absenken des überholenden Werkstücks.

Im Gegensatz zu dem Ansatz von Rösch et al. [18] kann SysML BDD alternativ zur Beschreibung der Struktur und PARs für Teile des Modells genutzt werden. Rösch et al. erstellten ein PAR für jeden Block und leiteten anschließend ein separates Simulink-Subsystem für diesen Block ab. Im daraus resultierenden Modell werden Einschränkungen in PARs mit Eigenschaften aus verschiedenen SysML-Blöcken verbunden. In Abbildung 4.12 wird die Startzeit für den Überholvorgang u. a. anhand von Motor-, Kran- und Förderbandparametern berechnet. Die Abhängigkeiten zwischen den verschiedenen PAR-Blöcken werden nicht durch die Transformation im Sinne einer multidisziplinären Machbarkeitsanalyse abgedeckt. Es werden lediglich die verschiedenen Komponenten in Matlab-Simulink übertragen.

4.4 Profile für die Automatisierungstechnik

SysML4Mechatronics [13] bzw. SysML4vAT [12, 22] sind spezifische Profile, die für mechatronische Systeme bzw. die verteilte Automatisierungssysteme entwickelt worden. Häufig werden diese vielversprechenden Profile nicht in den Werkzeugen unterstützt und sind damit in ihrer Bedeutung begrenzt, weil die Modellierung nur das Konzept verwenden kann, aber keine vorgefertigten Schablonen im Sinne von Stereotypen.

Basierend auf der SysML wurde die Modellierungssprache SysML4Mechatronics [11, 23] für mechatronische Fertigungssysteme entwickelt. In der initialen Entwicklungsphase ermöglicht SysML4Mechatronics eine (auf entsprechendem Abstraktionsgrad) ganzheitliche Strukturmodellierung des zu entwickelnden Systems. Hierzu wurde auf wesentliche Elemente des Internen Blockdiagramms der SysML, zum Teil allerdings auch auf Elemente des Blockdefinitionsdiagramms der SysML zurückgegriffen und diese entsprechend den Anforderungen in SysML4Mechatronics adaptiert. Durch passende Modellierungselemente ist es somit möglich, die unterschiedlichen disziplinspezifischen Komponenten (Mechanik, Elektrik/Elektronik, Software) in das Gesamtmodell zu integrieren. Der Kran der PPU (vgl. Abbildung 4.15) besitzt einen Vakuumgreifer, der aus den mechanischen Teilen zur Konstruktion des Gehäuses, einem Ventil und einem Mikroschalter (Elektrik/Elektronik-Komponenten als Sensoren/Aktoren) sowie einer Softwarekomponente zur Ansteuerung besteht.

Die Schnittstellen (als Ports bezeichnet) der Komponenten können dabei in den verschiedenen Disziplinen sowie disziplinübergreifend spezifiziert werden. Jeder Port kann dabei entweder nach Art, Zweck oder logischem Zusammenhang sinngemäß benannt werden. Zudem wird für jeden Port ein Typ festgelegt, welcher ihn spezifiziert. Zusätzlich können beispielsweise mögliche Wertebereiche des Ports, in denen eine Funktionsfähigkeit der Komponente sichergestellt ist, angegeben werden. Dazu kann für den jeweiligen Port neben dem Standardbetriebswert, dessen Ober- und Untergrenze festgelegt werden. Das beschriebene Ventil des Vakuumgreifers im Kran der PPU ist beispielsweise zum einen mechanisch mit anderen Teilen, nämlich einer Ventilinsel, verbunden

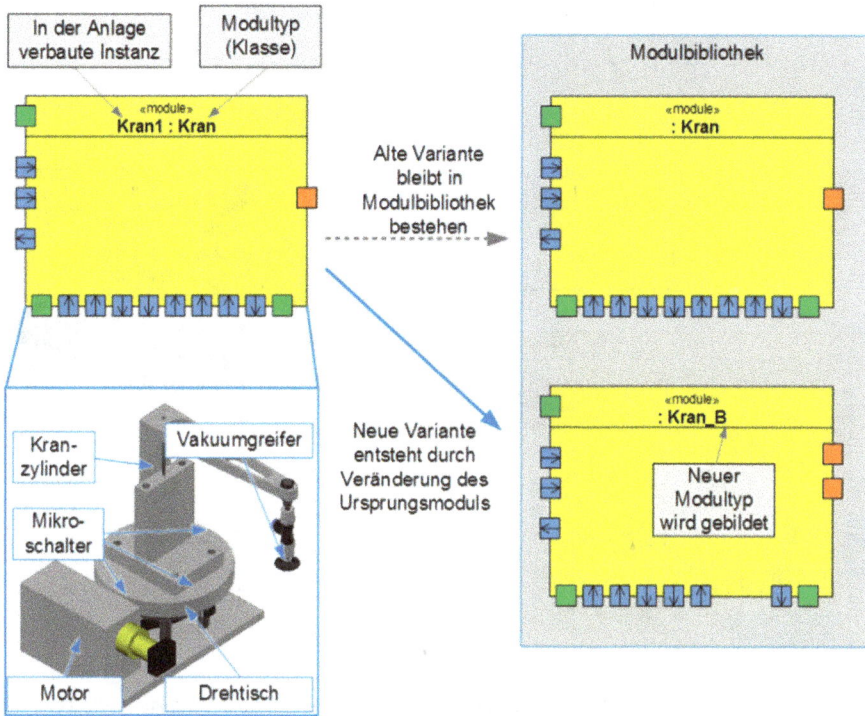

Abb. 4.15: SysML4Mechatronics-Modell des PPU-Kranmoduls in der Ursprungsvariante (vgl. Abbildung 4.16) und die Entstehung von zwei unterschiedlichen Varianten durch Veränderung des Motors in der Ursprungsvariante.

und empfängt die elektrischen Signale zur Ansteuerung, welche wiederum in der Software definiert wird.

Abbildung 4.16 zeigt das im SysML4Mechatronics-Editor erstellte Modell des Kranmoduls der PPU mit seinen disziplinspezifischen Komponenten, Submodulen und Ports. Über die Ports an den Modulgrenzen können dabei obligatorisch zu erfüllende Schnittstellen definiert werden, die außerhalb des Moduls liegen. Somit kann beispielsweise definiert werden, dass Sensoren oder Aktoren, die in einem Modul enthalten sind, um dessen Funktionalität zu erfüllen, mit einer SPS, welche nicht Teil des Moduls ist, verbunden werden müssen.

Ebenso müssen auch nicht alle Komponenten eines solchen Moduls in der realen Anlage physisch beieinander liegen, beispielsweise ist das Ventil des Vakuumgreifers zusammen mit weiteren Ventilen der anderen Module (Ventile für die Ausstoßzylinder der Sortierstrecke) in einer Ventilinsel verbaut. Das so erstellte, disziplinübergreifende Modell des Systems stellt damit auch die Verknüpfung der einzelnen disziplinspezifischen Entwicklungen und Implementierungen dar.

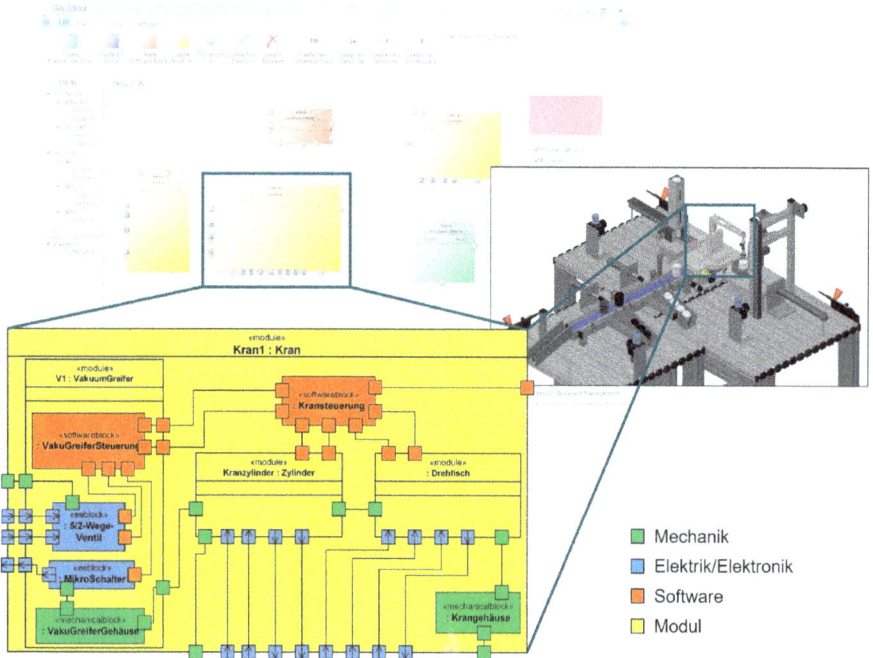

Abb. 4.16: Darstellung des Kranmoduls mit Komponenten der unterschiedlichen Disziplinen, erstellt in SysML4Mechatronics im Vergleich zur CAD-Darstellung.

5 Übungsaufgaben

Im Folgenden sind einige kleine Übungsaufgaben aufgeführt, die ein erstes Ausprobieren der UML-Diagramme und anschließend der spezifischen SySML-Diagramme unterstützen. Am Ende des Kapitels wird eine größere Modellierungsaufgabe in SysML gestellt. Die Lösungen zu den Übungsaufgaben sind im Kapitel 6 zusammengestellt.

5.1 Seilbahnsystem: Use-Case- und Sequenzdiagramm

5.1.1 Use-Case-Diagramm

Zeichnen Sie ein Use-Case-Diagramm für das im Folgenden beschriebene *Seilbahnsystem* (vgl. Vorlage in Abbildung 5.1). Benennen Sie die Akteure sowie die Anwendungsfälle und zeichnen Sie die Beziehungen ein. Bitte achten Sie beim Verbinden der Use Cases auf die richtige Beziehungsart und -notation.

Abb. 5.1: Vorlage für Use-Case-Diagramm des Seilbahnsystems.

Der *Bediener* des Seilbahnsystems kann dieses per Knopfdruck *freigeben*. Bei der Freigabe wird automatisch immer ein *Sicherheitscheck* durchgeführt. Zusätzlich kann sich der Bediener bei der Freigabe vorhandene *Betriebsdaten drucken* lassen. Das Seilbahnsystem bietet verschiedene Fahrmodi an wie beispielsweise Pendelbetrieb und Umlaufbetrieb. Der Bediener kann zu einem gewünschten *Fahrmodus wechseln*. Dazu muss er sich im Seilbahnsystem *authentifizieren*.

5.1.2 Sequenzdiagramm

Anschließend soll ein Sequenzdiagramm für den Use Case *Freigeben* erstellt werden. Der Bediener drückt den Handtaster für die Freigabe und kann danach weitere Prozes-

https://doi.org/10.1515/9783111429717-005

se ausführen. Der Handtaster meldet das Signal an die Steuerung (*meldeFreigabe*) und bleibt daraufhin für maximal 4 s aktiv. Währenddessen spielt die Steuerung über das Horn für 2 s einen *Signalton* ab. Das Horn meldet der Steuerung zurück, wenn die 2 s vorbei sind und es wieder inaktiv ist. Durch einmaliges *Aufleuchten* vor Ablauf der 4 s benachrichtigt der Handtaster den Bediener über das Ende des Freigabevorgangs. Ergänzen Sie das untenstehende Sequenzdiagramm (vgl. Abbildung 5.2) entsprechend der Beschreibung.

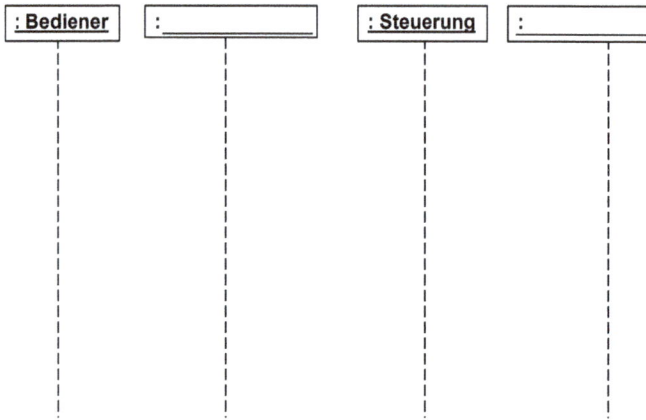

Abb. 5.2: Vorlage für Sequenzdiagramm des Seilbahnsystems.

5.2 Automatisierte Backanlage: Verhaltensmodellierung

Um die Kommunikation mit den Stakeholdern im folgenden Entwicklungsprozess zu erleichtern, entwerfen Sie das System einer automatisierten Backanlage mithilfe UML.

5.2.1 Use-Case-Diagramm

Vervollständigen Sie das UML Use-Case-Diagramm in Abbildung 5.3 gemäß folgender Beschreibung: Kunden können ihr *Wunschgebäck bestellen*. Beim Bestellen wird immer die *Gebäckzahl abgefragt*, außerdem können Kunden optional *Sonderzutaten auswählen*. Bäcker *backen* und können dabei *Zutaten nachfüllen*, insofern welche fehlen. Beim Backen müssen die Bäcker stets den *Backvorgang überwachen*. Achten Sie auf die korrekten Beziehungen zwischen den Use Cases sowie die fehlenden Benennungen.

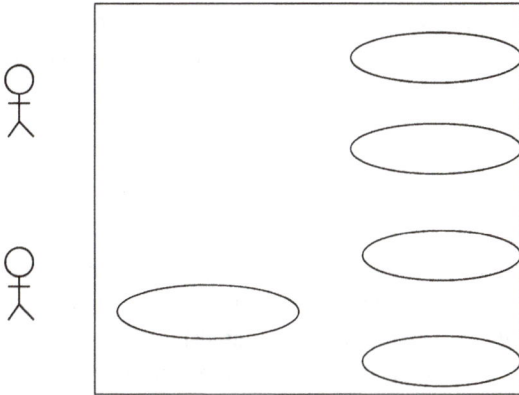

Abb. 5.3: Vorlage für Use-Case-Diagramm der automatisierten Backanlage.

5.2.2 Sequenzdiagramm für „Zutaten nachfüllen"

Im folgenden Soll der Use Case „Zutaten nachfüllen" am Beispiel „Mehl nachfüllen" betrachtet werden. Zu Beginn des Backvorgangs werden alle Zutaten in eine Rührschüssel gefüllt. Modellieren Sie die folgende Interaktion in einem UML-Sequenzdiagramm (vgl. Vorlage in Abbildung 5.4):

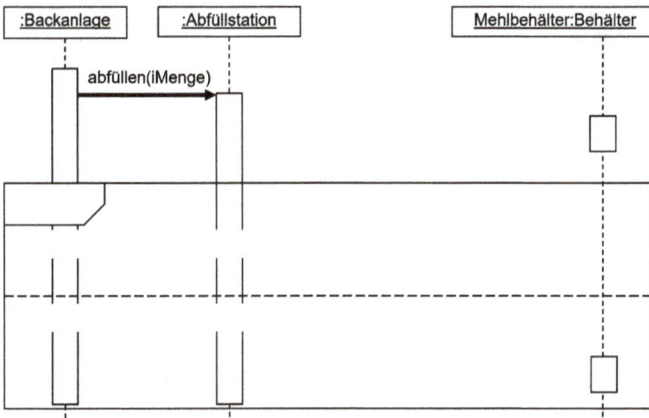

Abb. 5.4: Vorlage für Sequenzdiagramm der Abfüllstation der automatisierten Backanlage.

Die Backanlage fordert die Abfüllstation auf, eine bestimmte Mehlmenge *iMenge* abzufüllen. Die Abfüllstation fragt beim Mehlbehälter den aktuellen Füllstand ab, den dieser zurückmeldet (Funktion *prüfeFüllstand*; Rückgabewert *iFüllstand*). Insofern der aktuelle Füllstand nicht für die Bestellung ausreicht, wird eine Fehlermeldung zurückgegeben (Antwort *Fehler*). Andernfalls *öffnet* die Abfüllstation den Behälter für die gewünschte Mehlmenge (Funktion *öffnen(iMenge)*; keine Antwort) und meldet der Backanlage „*abgefüllt*".

5.2.3 Aktivitätsdiagramm

Der Gesamtablauf der automatisierten Backanlage ist in Abbildung 5.5 skizziert. Die benötigten Zutaten werden in die Rührschüssel *abgefüllt* und anschließend *gemixt*. Der Teig wird in den 3D-Drucker *eingefüllt*. Im 3D-Drucker wird das Feingebäck *gedruckt* und gleichzeitig *gebacken*. Wurde das Gebäck to-go bestellt, wird es *verpackt*, andernfalls wird es direkt *serviert*. Der Backvorgang ist danach beendet. Modellieren Sie das entsprechende UML-Aktivitätsdiagramm.

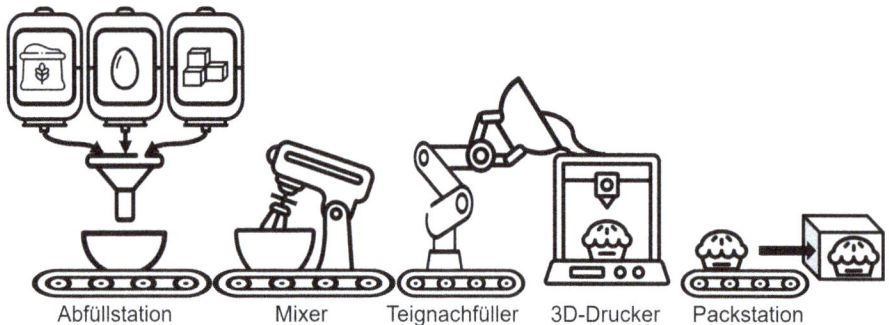

| Abfüllstation | Mixer | Teignachfüller | 3D-Drucker | Packstation |

Abb. 5.5: Automatisierte Backanlage.

5.3 Einkaufsassistent: Aktivitätsdiagramm

Erstellen Sie ein UML-Aktivitätsdiagramm für einen Einkaufsassistenten im Supermarkt:

Der Einkaufsassistent scannt die Ware. Daraufhin wird der Preis der Ware ermittelt und anschließend der Gesamteinkaufspreis aktualisiert. Zeitgleich zu diesen zwei Aktionen wird überprüft, ob sich die Ware auf der Einkaufsliste des Kunden befindet. Ist dies der Fall, wird die Ware von der Einkaufsliste entfernt.

5.4 Abfüllstation: Aktivitätsdiagramm

Erstellen Sie ein UML-Aktivitätsdiagramm für die folgende Abfüllstation (vgl. Abbildung 5.6).

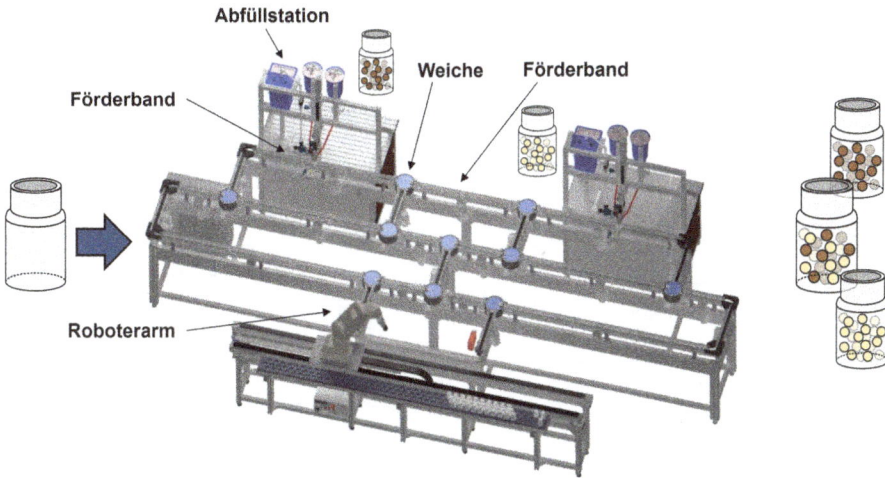

Abfüllstation.

Die Flaschen werden vom Roboterarm in die Anlage gesetzt. Die Flaschen werden mit Förderbändern durch die Anlage befördert, dazu wird parallel der optimale Weg je Flasche bestimmt. An den Abfüllstationen werden, je nach Bestellung, eine der zwei Kügelchenarten oder eine Mischung abgefüllt. Zum Abschluss werden die Flaschen wieder mit Förderband und Roboterarm ausgefördert. Verwenden Sie Swimlanes (vgl. Notationsüberblick im Appendix A), um die Aufgabenbereiche der Förderstrecke (Förderbänder inkl. Roboterarm) sowie den Abfüllstationen zu trennen.

5.5 Seilbahnsystem: Klassendiagramm

Zeichnen Sie ein Klassendiagramm für die im Folgenden beschriebene Seilbahn.

- Eine *Seilbahn* muss zwingend aus mindestens einer *Gondel* bestehen.
- Die Seilbahn kann mit den Methoden *„vorwaerts"* und *„rueckwaerts"* betrieben werden (Rückgabewert bool).
- Die Tür einer Gondel lässt sich mit der Methode *„oeffnen"* (kein Rückgabetyp) sowohl öffnen als auch schließen, je nachdem welchen Wert der ganzzahlige Funktionsübergabeparameter *„iRichtung"* besitzt.
- Eine Gondel kann von beliebig vielen *Messinstrumenten* Daten anfordern und ein Messinstrument kann mehrere Gondeln mit Informationen versorgen. Mögliche Messinstrumente sind hierbei der *Windstärkemesser* und die *Windrichtungserfassung*. Für jedes Messinstrument wird die *Genauigkeit* als Ganzzahl gespeichert. Die Genauigkeit kann nur über die zugehörige Methode *„hatGenauigkeit"* abgefragt werden.

Füllen Sie Lücken im folgenden Klassendiagramm (vgl. Abbildung 5.7) anhand der Beschreibung. Beachten Sie die Sichtbarkeiten, Kardinalitäten sowie Datentypen für die Attribute und Methoden.

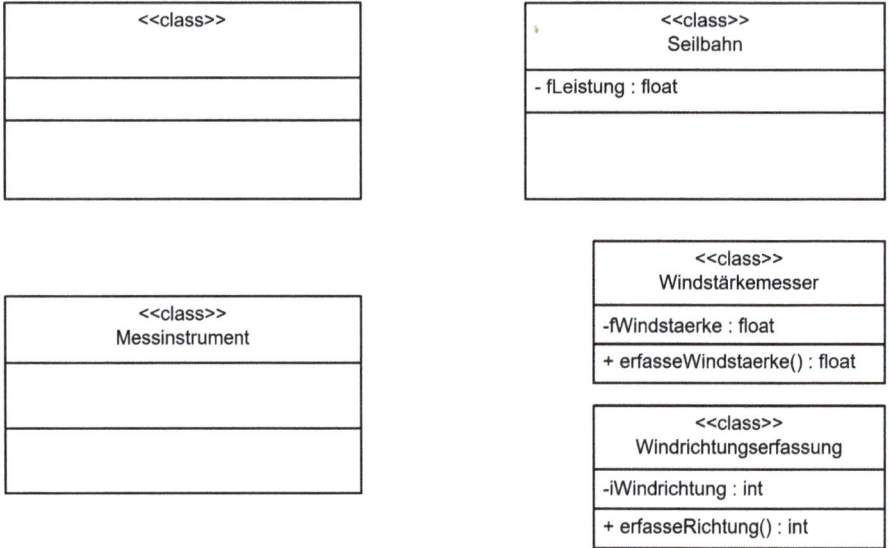

Abb. 5.7: Vorlage für Klassendiagramm des Seilbahnsystems.

5.6 Automatisierte Backanlage: Klassen- und Zustandsdiagramm des Mixers

In den folgenden zwei Übungen wird die Software der automatisierten Backanlage im Detail in Form eines UML-Klassendiagramms sowie eines UML-Zustandsdiagramms entworfen.

5.6.1 Beziehungen im Klassendiagramm

Ergänzen Sie im UML-Klassendiagramm des Mixers (vgl. Abbildung 5.8) die Beziehungen zwischen den einzelnen Klassen. Achten Sie auf die Kardinalitäten.

Ein Mixer (Klasse *Mixer*) besteht immer aus genau einem Rührer (Klasse *Rührer*) und ein bis zwei Motoren (Klasse *Motor*). Optional kann er beliebig viele Statuslampen (Klasse *Statuslampe*) haben, deren Funktionalität von herkömmlichen LEDs (Klasse *LED*) abgeleitet werden kann.

<< class >> Mixer		<< class >> LED	

<< class >> Motor	<< class >> Rührer	<< class >> Statuslampe

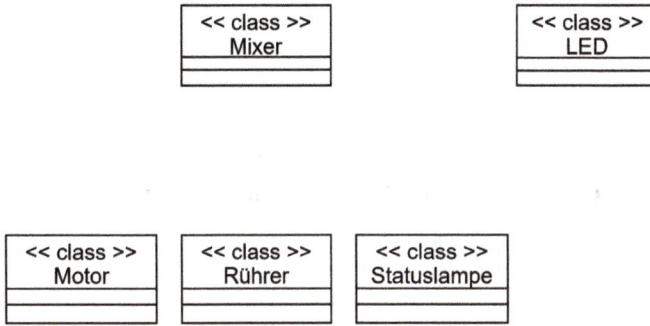

Abb. 5.8: Vorlage für Klassendiagramm des Mixers der automatisierten Backstation.

5.6.2 Zustandsdiagramm

Vervollständigen Sie das UML-Zustandsdiagramm für den Mixer (vgl. Abbildung 5.9) der automatisierten Backanlage gemäß der folgenden Beschreibung.

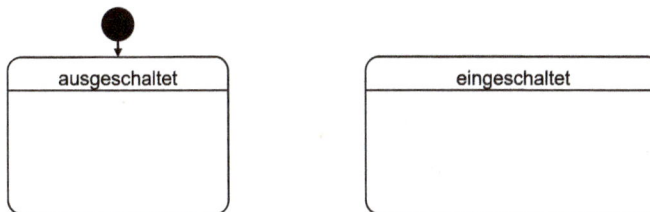

ausgeschaltet	eingeschaltet

Abb. 5.9: Vorlage für Zustandsdiagramm des Mixers der automatisierten Backanlage.

- Zu Beginn befindet sich der Mixer im Zustand „ausgeschaltet". Hier leuchtet die Statuslampe „Bereit zum Einschalten" (Einmaliger Funktionsaufruf *leuchten(Start)*).
- Wir der Startknopf betätigt (*Startknopf* ist TRUE), wechselt der Mixer in den Zustand *eingeschaltet*.
- Wird der Mixer „eingeschaltet", wählt er einen geeigneten Mischmodus aus (Funktion *wähleModus*) und startet den Motor (Funktion *starteMotor*). Anschließend führt er im Zustand „eingeschaltet" dauerhaft seinen Mischvorgang durch (Funktion *mixen*).
- Nach drei Minuten ist der Mischvorgang abgeschlossen, der Motor wird gestoppt (Funktion *stoppeMotor*) und der Mixer wechselt wieder in den Zustand „ausgeschaltet".

5.7 Werkstücke sortieren: Zustandsdiagramm

Für den Ablauf einer Sortierung verschiedener Werkstücke (WS; vgl. Layoutplan in Abbildung 5.10) soll ein Zustandsdiagramm (Vorlage für Zustandsdiagramm in Abbildung 5.11) vervollständigt werden. Zu Beginn muss am Bandanfang erkannt werden, dass ein Werkstück da ist. Die Materialerkennung erkennt dabei das Material (s. Tabelle rechts). Wird ein Werkstück erkannt, transportiert das Band die Werkstücke an die verschiedenen Bandpositionen (*Band_bewegen(Position)*) Lager 1, Lager 2 und Lager 3 (s. Layoutplan links). Befindet sich ein Werkstück vor seinem Ziellager, wird es dort vom jeweiligen Ausstoßzylinder ausgestoßen (*WS_ausstoßen()*). Sobald das Werkstück im richtigen Lager angelangt ist, stoppt das Band (*Band_stoppen()*).

Werkstück	Material-erkennung	Hell/dunkel	Ziel-lager
Material 1	Material 1	-	1
Material 2, hell	Material 2	Hell	2
Material 2, dunkel	Material 2	dunkel	3

Abb. 5.10: Überblick Anlage und Werkstücktypen der Werkstücksortierung.

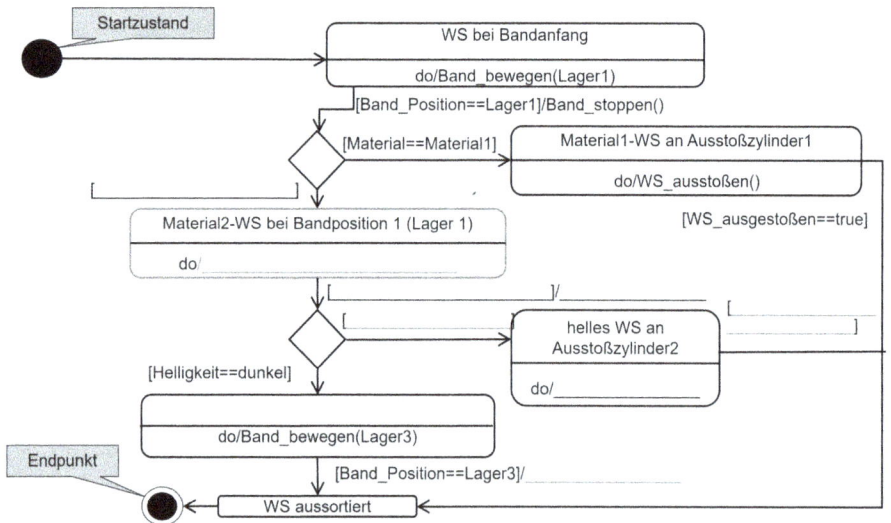

Abb. 5.11: Vorlage für Zustandsdiagramm der Werkstücksortierung.

5.8 Förderband: Zustandsdiagramm

Im Folgenden wird das Förderband aus der vorherigen Aufgabe im Detail betrachtet. Zeichnen Sie ein Zustandsdiagramm, in dem sein Verhalten entsprechend der folgenden Beschreibung modelliert wird:

– Das Förderband läuft nur in eine Richtung. Es besitzt einen Sensor, der die aktuelle Ist-Geschwindigkeit misst (v_ist) und kann über einen Aktor die gewünschte Soll-Geschwindigkeit (v_soll) vorgeben.

– Zu Beginn steht das Förderband still (Zustand *Ruhend*).

– Sobald eine Soll-Geschwindigkeit vorgegeben wird, beschleunigt das Förderband (Zustand *Beschleunigend*), indem es die Aktion BandBeschleunigen() durchführt.

– Erreicht das Förderband während des Beschleunigungsvorgangs v_soll, geht es mit konstanter Geschwindigkeit in den Zustand *Fahrend* über. Überschreitet es v_soll, geht es in den Zustand *Bremsend* (Aktion BandBremsen()), um die Ist-Geschwindigkeit zu verringern.

– Die Zustände *Bremsend* und *Fahrend* verhalten sich ähnlich, um eine kontinuierliche Geschwindigkeitsregelung abhängig von der Differenz zwischen Soll- und Ist-Geschwindigkeit.

– Wird im Zustand *Bremsend* die Soll-Geschwindigkeit=0 erreicht, wird direkt in den Ruhezustand übergegangen.

5.9 Ticketkauf: Zustandsdiagramm

Betrachtet wird ein Ticketautomat, an dem gegen Bargeld Fahrtickets gekauft werden können. Verwenden Sie die Zustände „Geld zählend", „Ticket druckend" und „Kauf abbrechend". Im (Start-)Zustand „Geld zählend" werden der Ticketpreis gezeigt und der bisher durch Münzeinwurf bezahlte Betrag berechnet. Erreicht der bezahlte Betrag den Ticketpreis, so wird das Rückgeld ausgegeben sowie das Ticket gedruckt. Nach erfolgreichem Ticketdruck wird das Programm beendet. Der Bezahlvorgang kann durch Betätigen der Abbruchtaste beendet werden. Der Kunde erhält in diesem Fall sein Geld zurück. Das Display zeigt eine Abbruchmeldung an. Nach 10 s wird das Programm daraufhin beendet.

5.10 Einkaufsassistent: Zustandsdiagramm

Gegeben ist wieder der Einkaufsassistent im Supermarkt (vgl. Aufgabe 5.3). Das Scannen der Ware erfolgt über einen Barcodescanner (vgl. Abbildung 5.12), dessen Verhalten im Folgenden in einem Zustandsdiagramm modelliert werden soll. Verwenden Sie zur Modellierung nur die Zustände *scannend* und *suchend* sowie die Attribute und Methoden aus der Klasse Barcodescanner (5.12).

```
┌─────────────────────────────────────┐
│            <<class>>                 │
│          Barcodescanner              │
├─────────────────────────────────────┤
│  - bLaserAkitv: bool                 │
│  - Code_erkannt: bool                │
│  - Ware_vorhanden: bool              │
├─────────────────────────────────────┤
│  + scanneBarcode()                   │
│  + setzeLaser(aktiv: bool)           │
│  + prüfeWarendatenbank(code: int)    │
│  + sendeProduktdaten()               │
└─────────────────────────────────────┘
```

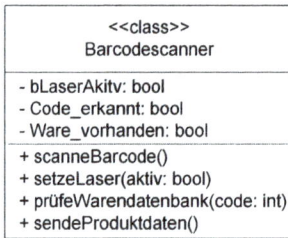

Abb. 5.12: Klasse Barcodescanner.

Der Barcodescanner startet im Zustand *scannend*. Aus Sicherheitsgründen ist der Laser des Scanners nur für den Scanvorgang (Zustand *scannend*) aktiv. Er scannt die Ware, bis er einen Code erkennt. Nach diesem Code sucht er in der Warendatenbank. Ist zu dem Code eine Ware in der Datenbank, sendet er die Produktdaten an den Einkaufsassistenten und wird beendet. Andernfalls liegt ein Scanfehler vor und er muss den Code erneut einscannen.

5.11 Flüssigkeitsspeicher: SysML BDD und IBD

Gegeben sei ein Tank zum Speichern von Flüssigkeiten. Der Tank verfügt über die zwei Schwimmschalter B0 und B1 zur Detektion eines leeren oder vollen Behälters (Name FS). Durch Öffnen des Ventils V1 wird Flüssigkeit in den Tank geleitet. Öffnen des Ventils V0 ermöglicht die Flüssigkeitsabfuhr. Grundsätzlich müssen die Ventile dazu an eine Flüssigkeitsversorgung angeschlossen sein. Zur Übertragung der Sensorwerte B0 und B1 sind Signalleitungen vorhanden.

5.11.1 Blockdefinitionsdiagramm (BDD)

Vervollständigen Sie das Blockdefinitionsdiagramm im Lösungsfeld (vgl. Abbildung 5.13). Die Schwimmschalter und Ventile sowie der Füllstand sollen als existenzabhängige Teile des Tanks modelliert werden und einen Instanznamen entsprechend ihrer Bezeichnung in der Angabe tragen. Instanznamen können in BDDs als Teil von Assoziationsbeziehungen zwischen Blöcken angegeben werde, siehe Appendix A.2.2.

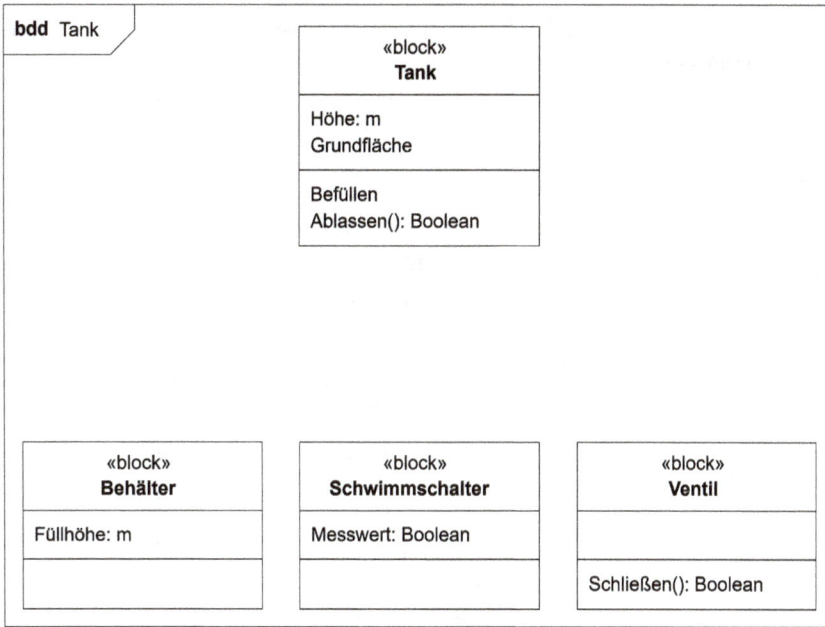

Abb. 5.13: Vorlage für Blockdefinitionsdiagramm des Flüssigkeitsspeichers.

5.11.2 Internes Blockdiagramm (IBD)

Vervollständigen Sie das Interne Blockdiagramm im Lösungsfeld (vgl. Abbildung 5.14) um alle vorhandenen Elemente entsprechend der obigen Beschreibung (5.11). Alle not-

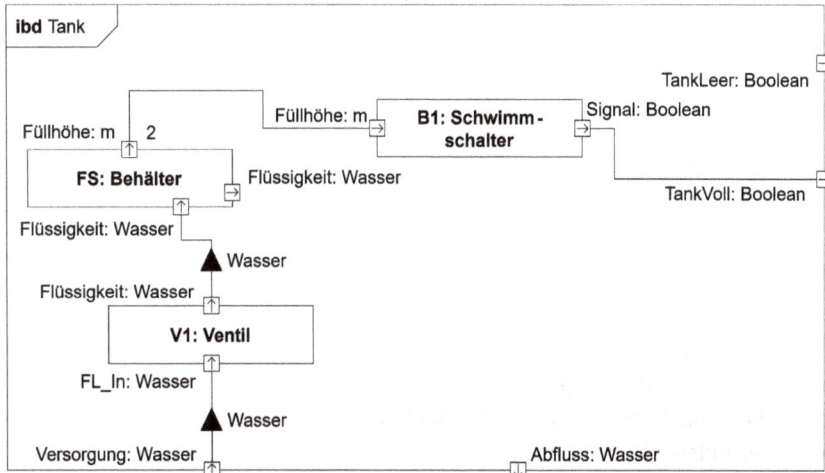

Abb. 5.14: Vorlage für Internes Blockdiagramm des Flüssigkeitsspeichers.

wendigen Ports zur Umwelt des Tanks (beispielsweise Wasserversorgung und Wasserablass) sind bereits vorhanden.

5.12 Stempelanlage: Fehlersuche im IBD

Finden und korrigieren Sie die Fehler im folgenden IBD der Stempelanlage (vgl. Abbildung 5.15). Bitte nehmen Sie an, dass die Stromversorgung hier vernachlässigt werden kann und Luft sowie Werkstück konkrete Objekte sind, welche übertragen werden.

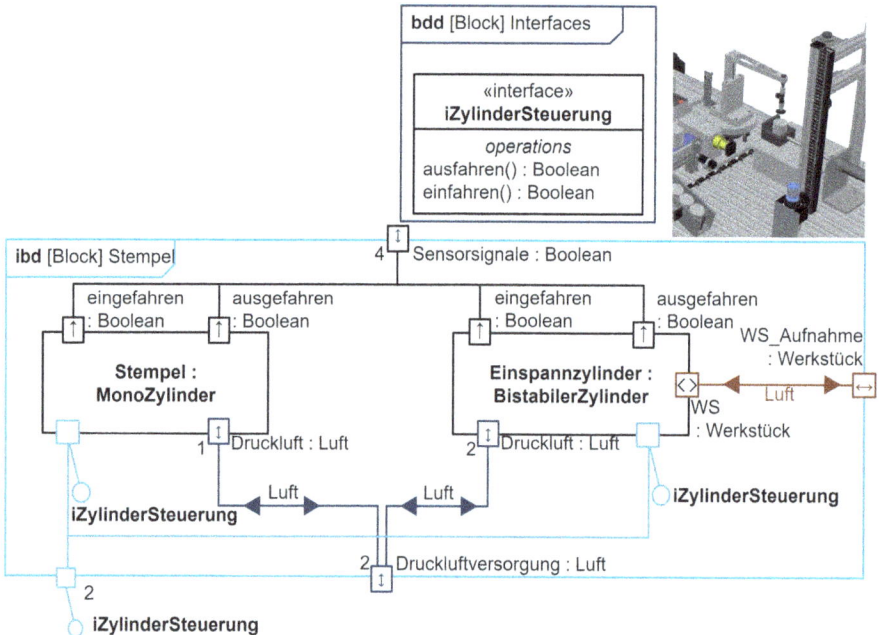

Abb. 5.15: IBD der Stempelanlage mit Fehlern.

5.13 Gesamtaufgabe SysML: Intralogistikanlage

Im Folgenden wird eine Intralogistikanlage (vgl. Abbildung 5.16) betrachtet.

Anlagenbeschreibung
– Transport von Kleinladungsträgern (KLTs)
– Ausschleusstation und Roboter zum Entladen
– Größe der Anlage: 11 m × 5 m
– Sensorik:
    – Lichtsensor

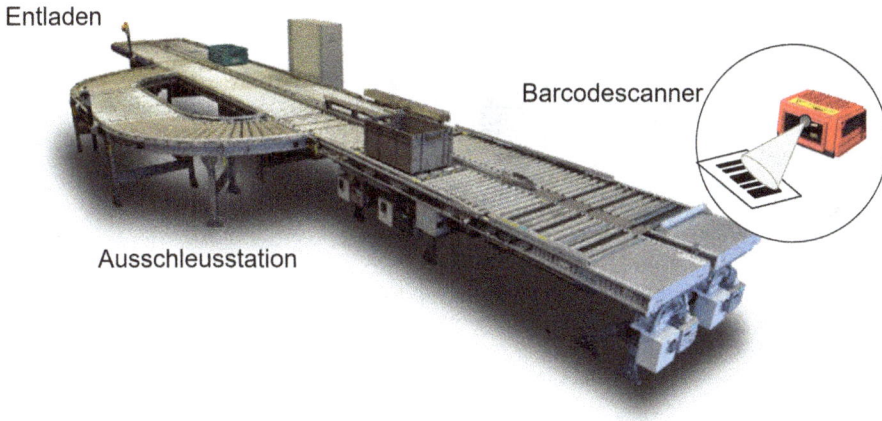

Abb. 5.16: Intralogistikanlage.

- – Geschwindigkeitssensor
- – Barcodescanner (zum Sortieren vor der Ausschleusstation)

Funktionsweise der Intralogistikanlage
- – Bewegung der KLTs in Pfeilrichtung (vgl. Abbildung 5.17) über Rollenförderung, hierfür verwendet man zwei grundlegende Modultypen: Transport- und Umsetzermodule (vgl. Abbildung 5.18)
- – Richtungsänderung bei B05, B10, B13 und A01 über Riemenausschleuser, Realisierung durch zusätzlichen Motor in den Umsetzermodulen

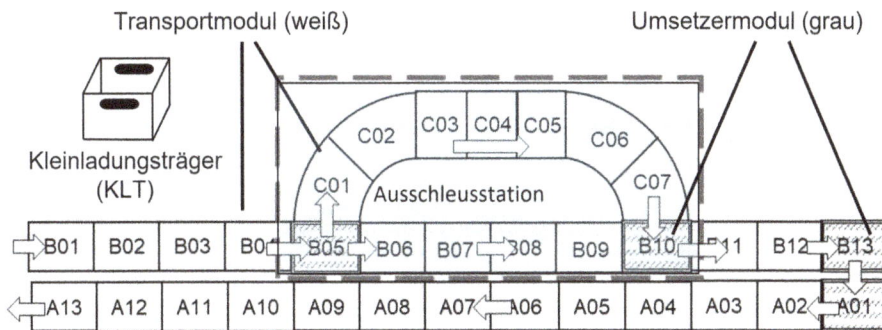

Abb. 5.17: Funktionsweise der Intralogistikanlage.

Module der Intralogistikanlage
Die Logistikanlage besteht aus zwei grundlegenden Modultypen, die bei der Systemmodellierung unterschieden werden müssen:

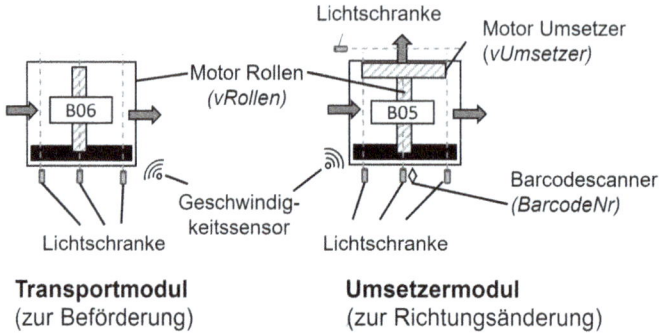

Abb. 5.18: Modularten der Intralogistikanlage.

5.13.1 Anforderungsdiagramm

Stellen Sie folgende Anforderung im SysML-Anforderungsdiagramm (vgl. Vorlage in Abbildung 5.19) dar:

Anforderung für das Umsetzermodul B05: Die zusätzlichen Förderrollen und dessen Motor für die Richtungsänderung soll den KLT innerhalb einer Ausschiebezeit von 4 s ausschieben. Hierfür soll eine Ausschiebegeschwindigkeit von 6 m/s erreicht werden, wobei der Motor eine Drehzahl mit höchstens 400 U/min haben darf.

Identifikationsnummern:

- Ausschiebevorgang: 1
- Ausschiebegeschwindigkeit: 2
- Ausschiebezeit: 3
- Drehzahl: 4

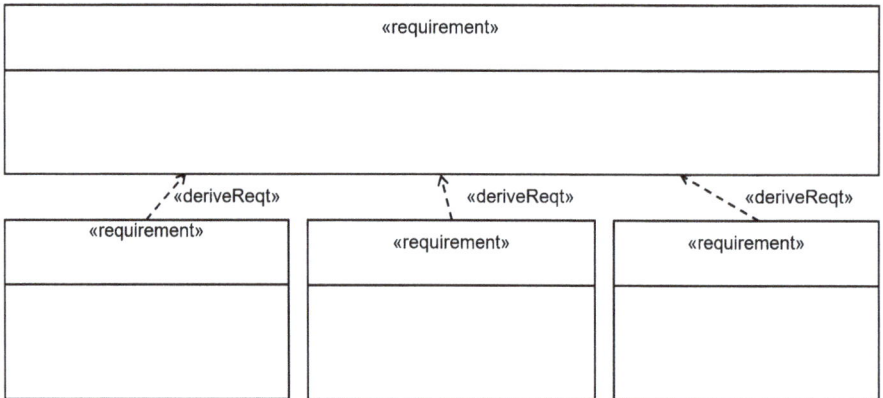

Abb. 5.19: Vorlage für Anforderungsdiagramm des Umsetzermoduls der Intralogistikanlage.

5.13.2 Sequenzdiagramm

Die Steuerung (SPS) der Logistikanlage soll durch ein zentrales Manufacturing Execution System (MES) konfiguriert werden können, sodass nur Ladungsträger mit bestimmtem Barcode ausgeschoben werden. Zur Koordination zwischen den verantwortlichen Entwicklern des MES, der SPS, und des Umsetzermoduls, soll dieses Szenario zunächst mit einem Sequenzdiagramm (vgl. Vorlage in Abbildung 5.20) beschrieben werden.

- Das MES sendet zunächst eine UpdateConfig-Nachricht, bei der die neuen Konfigurationsdaten (config) übergeben werden.
- Die SPS wendet die Konfiguration mit ApplyConfig() auf sich selbst an.
- Ist das Update erfolgreich, übersendet die SPS dem Umsetzermodul zunächst die für den Barcodescanner relevanten Parameter mit der Nachricht ForwardBarcodeParams(...) und übergibt dabei die Barcodeparameter barcodeParams. Auf diese Nachricht erwartet die Steuerung keine Antwort.
- Anschließend meldet die SPS dem MES das erfolgreiche Update der neuen config mit der Antwortnachricht ConfigUpdateSuccess().
- Sollte das Update fehlschlagen, so sendet die SPS dem MES die Antwort ConfigUpdateFail(), ohne vorher eine Nachricht an das Umsetzermodul zu senden.

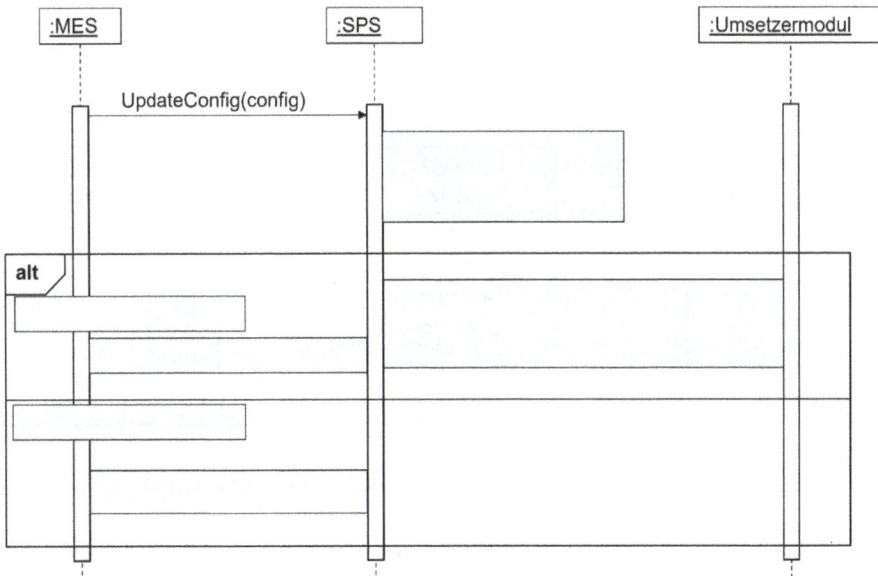

Abb. 5.20: Vorlage für Sequenzdiagramm der Intralogistikanlage.

5.13.3 Blockdefinitionsdiagramm

Im Folgenden wird schrittweise ein Blockdefinitionsdiagramm (vgl. Vorlage in Abbildung 5.21) der Intralogistikanlage erstellt.

a) Modellierung der Sensorarten

In der Intralogistikanlage existieren die Sensoren Lichtschranke, Barcodescanner und Geschwindigkeitssensor. Der Barcodescanner liest die Barcodenummer (BarcodeNr) als Integer ein (einlesen()). Die Geschwindigkeiten des KLTs wird über Geschwindigkeitssensoren (vKLT) in (m/s) gemessen (messen()). Die Lichtschranke speichert ihre Messwerte als bool.

Ergänzen Sie hierfür das Blockdefinitionsdiagramm mithilfe des bereits existierenden Blocks „Sensor". Fügen Sie für die drei Sensorarten Attribute und Operationen gemäß obiger Beschreibung hinzu.

b) Im Transportmodul und im Umsetzermodul verbaute Sensoren

Fügen Sie die in der Systembeschreibung (Aufgabe 5.13) dargestellten Abhängigkeiten zwischen den Sensoren und dem Transportmodul sowie dem Umsetzermodul in Abbildung 5.21 hinzu.

c) Modellierung Block KLT

Die KLT sind in der Intralogistikanlage häufig vorkommende Elemente. Modellieren Sie einen KLT-Block mit folgenden Eigenschaften:
-   *Höhe*, *Breite* sowie *Länge* in Metern *m* gemessen
-   *BarcodeNr* als integer angegeben
-   Angabe dessen Geschwindigkeit *vKLT* in *m/s*

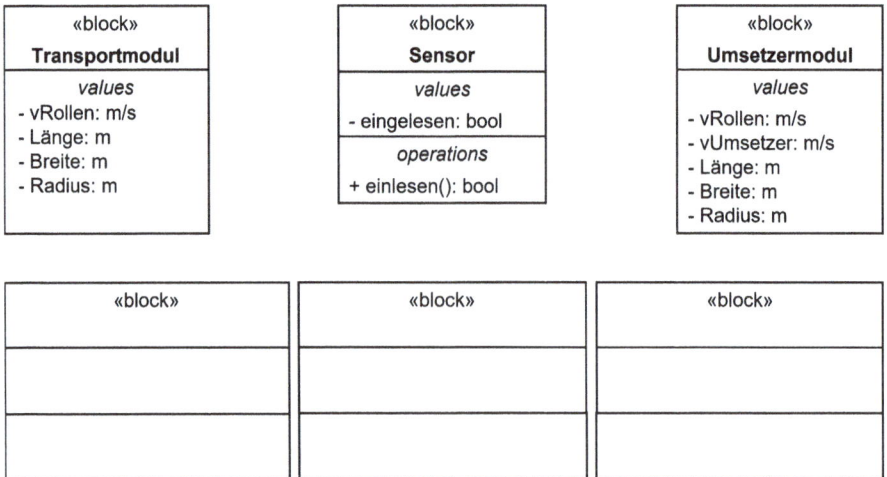

Abb. 5.21: Vorlage für Blockdefinitionsdiagramm der Intralogistikanlage.

5.13.4 Parameterdiagramm

Der Geschwindigkeitssensor für das Modul C07 ist ausgefallen (vgl. Abbildung 5.22). Um den Defekt zu kompensieren, soll die KLT-Geschwindigkeit auf dem Modul anhand der noch verfügbaren Sensorwerte berechnet werden („virtueller Geschwindigkeitswert").

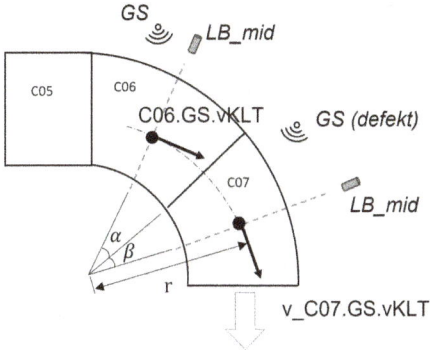

Abb. 5.22: Kreisbahnsegment der Intralogistikanlage.

Vervollständigen Sie das gegebene SysML-Parameterdiagramm (vgl. Vorlage in Abbildung 5.23) mit Parameternamen, Einheiten und der Gleichung für die Berechnung der virtuellen KLT-Geschwindigkeit auf dem Moduls C07 ($v\_C07.GS.vKLT$) für den Fall, dass dessen Geschwindigkeitssensor defekt ist.

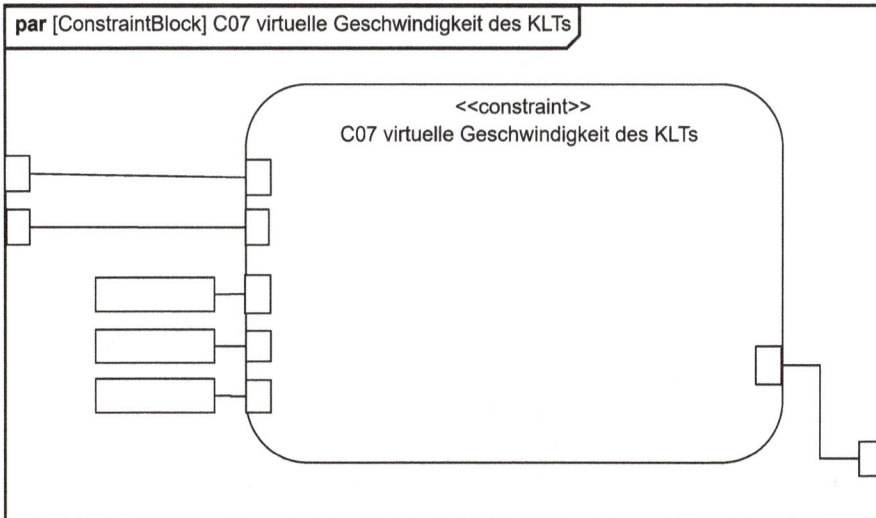

Abb. 5.23: Vorlage für Parameterdiagramm für virtuelle Geschwindigkeit des KLTs.

Die tangentiale Geschwindigkeit des KLTs auf einer Kreisbahn mit Radius r wird auf Höhe der mittleren Lichtschranke LB_mid am Modul C06 erfasst. Von dort an misst man die Transportzeit (T) in Sekunden „s" bis zur Aktivierung der LB_mid am Modul C07. Die Zentrierwinkel zwischen LB_mid und Anfang bzw. Ende des jeweiligen Fördermoduls sind als α bzw. β in rad gegeben. Werte des Geschwindigkeitssensors des kurvenförmigen Transportmoduls C06 (C06.GS.vKLT) sind in „mm/s" gemessen. Start-Stopp-Zeiten des Motors und die Lücken zwischen den Förderelementen können als vernachlässigbar klein angenommen werden.

Tipp:
– Länge eines Kreisbogens = Radius * Zentrierwinkel (in rad)
– Gesamttransportzeit = Transportzeit C06 + Transportzeit C07

5.13.5 Zustandsdiagramm

Im Folgenden soll das Zustandsdiagramm des Umsetzermoduls B05 (vgl. Abbildung 5.24; Vorlage in Abbildung 5.25) gemäß untenstehender Beschreibung ergänzt werden:

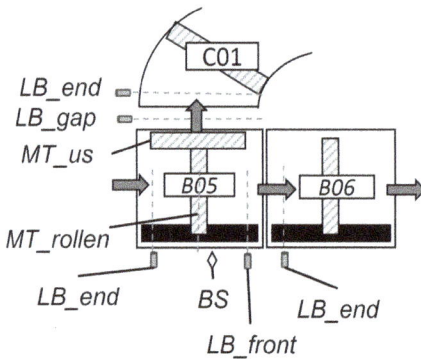

Abb. 5.24: Sensorik und Aktorik des Umsetzermoduls.

Kommt ein KLT beim Modul an, beginnt sich der Rollenmotor (*B05.MT_rollen*) zu drehen (*drehen()*) und stoppt (*stoppen()*), wenn beide Sensoren *B05.LB_end* und *B05.LB_front* das KLT detektieren. Steht der Motor still (*Drehzahl=0*), wird anschließend die Barcodenummer des KLTs (*B05.BS.BarcodeNr*) durch den Barcodescanner erfasst. Ist die Barcodenummer gerade (*ISTGERADE()* liefert TRUE), wird der KLT ausgeschleust. Der Umsetzermotor von B05 (*B05.MT_us*) beginnt zu drehen (*drehen()*) und transportiert den KLT zum Modul C01. Die Übergabeposition an C01 ist erreicht, wenn *C01.LB_end* den KLT detektiert, dann stoppt der Umsetzmotor von B05 (*stoppen()*). Bei KLTs mit unge-

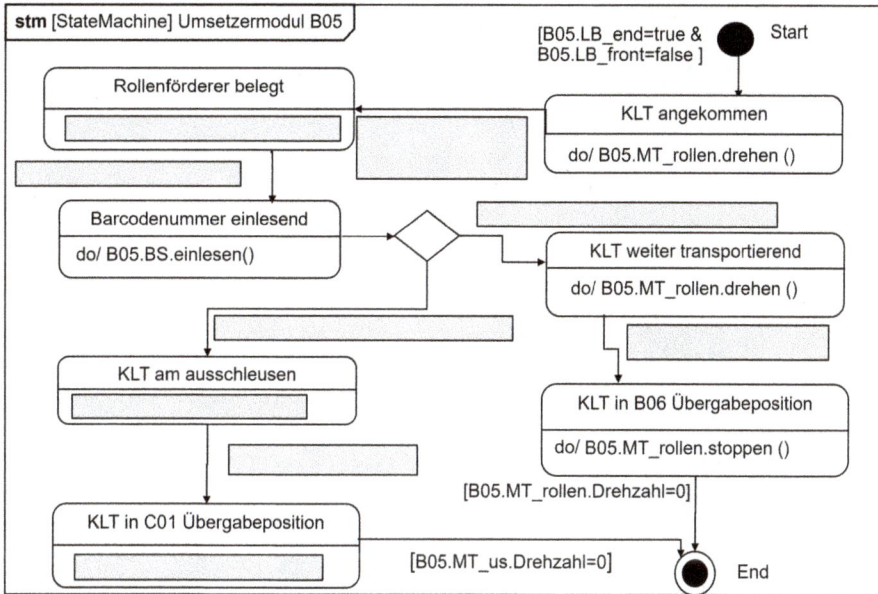

Abb. 5.25: Vorlage für Zustandsdiagramm des Umsetzermoduls.

rader Barcodenummer werden diese hingegen mit dem Rollenmotor (*B05.MT_rollen*) weitertransportiert, bis der Frontsensor des B05-Moduls (*B05.LB_front*) das KLT nicht mehr erkennt.

6 Lösungen der Übungsaufgaben aus Kapitel 5

Wie in obigen Kapiteln aufgezeigt, sind, je nach Designentscheidung, mehrere Lösungen zur selben Aufgabenstellung möglich. In diesem Kapitel finden Sie unsere Lösungsvorschläge zu den Übungsaufgaben aus Kapitel 5 inklusive Begründung unserer Modellierungsentscheidungen.

6.1 Seilbahnsystem: Use-Case- und Sequenzdiagramm

6.1.1 Use-Case-Diagramm

Musterlösung:

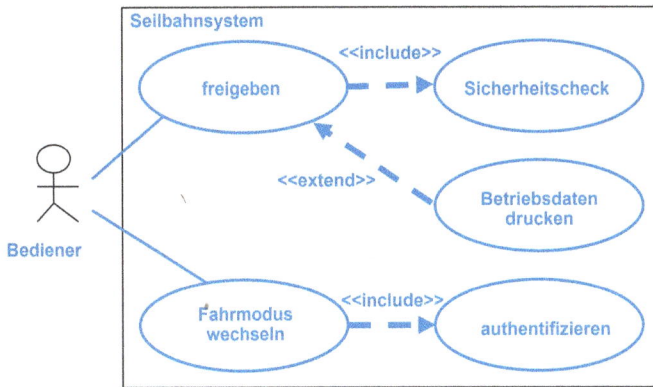

Abb. 6.1: Lösung für Use-Case-Diagramm des Seilbahnsystems.

Erläuterung:

Im Use-Case-Diagramm (vgl. Abbildung 6.1) werden die Grenzen des zu modellierenden Systems durch ein Rechteck dargestellt; das System, hier Seilbahnsystem, wird links oben in der Ecke benannt. Aus der Aufgabenstellung kann ein externer Akteur, der Bediener (vgl. Benennung links), identifiziert werden. Für den Bediener sind die zwei primären Use-Cases „freigeben" und „Fahrmodus wechseln" angegeben. Da beim Freigeben immer, d. h. zwingend ein Sicherheitscheck durchgeführt wird, muss hier eine include-Beziehung vorliegen. Gleiches gilt für das Authentifizieren beim Wechseln des Fahrmodus. Das Drucken der Betriebsdaten ist *optional* und kann den Use-Case „freigeben" erweitern. Folglich liegt hier die Beziehung „Betriebsdaten drucken" extend(s) „freigeben" vor.

https://doi.org/10.1515/9783111429717-006

6.1.2 Sequenzdiagramm

Musterlösung:

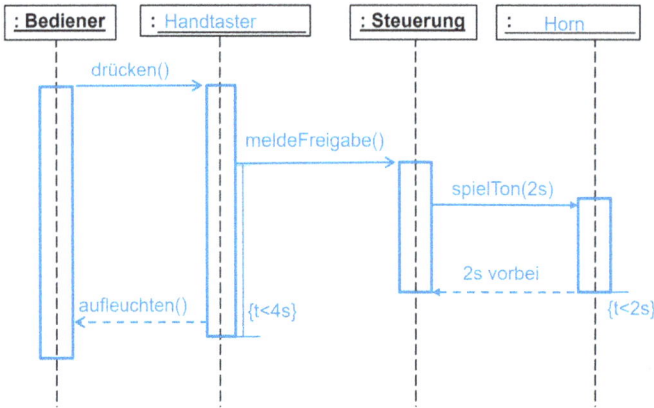

Abb. 6.2: Lösung für Sequenzdiagramm des Seilbahnsystems.

Erläuterung:

Aus der Aufgabenstellung lassen sich die zwei fehlenden Objekte, Handtaster und Horn, identifizieren(vgl. Abbildung 6.2). Es ist möglich, die Positionen der Objekte innerhalb des Sequenzdiagramms zu tauschen, wodurch sich das Sequenzdiagramm zwar nicht inhaltlich, aber optisch ändert. Die Aktivitätsbalken im Sequenzdiagramm kennzeichnen, ob und wann die jeweiligen Objekte aktiv sind. In dem Moment, in dem der Bediener den Handtaster drückt (erste Nachricht), müssen folglich sowohl Bediener als auch Handtaster aktiv sein. Der Hinweis, dass der Bediener danach weitere Prozesse ausführen kann, deutet auf eine asynchrone Nachricht, weshalb hier die Pfeilspitze leer eingezeichnet ist. Der Handtaster meldet die Freigabe (Nachricht *meldeFreigabe*) an die Steuerung und wird dann nach 4 s inaktiv. Auch hier wird keine Antwort des Handtasters erwartet (daher asynchrone Nachricht) und die 4-Sekunden-Frist kann mit $t <$ 4 s eingezeichnet werden. Die Kommunikation zwischen Steuerung und Horn ist synchron, da sich das Horn der Steuerung laut Aufgabenstellung nach Ablauf des 2 s-Timers zurückmeldet. Um zu zeigen, dass das Horn maximal 2 Sekunden aktiv ist, kann der 2-Sekunden-Zeitmarker am Ende seiner Aktivität gesetzt werden. Alternativ ist, ähnlich zu dem 4 s-Marker ein Balken parallel zur gesamten Hornaktivitätszeit möglich. Alle Antworten im Diagramm werden gemäß der Sequenzdiagrammnotation mit gestrichelten Linien gekennzeichnet. Die Pfeilspitzen sind hierbei laut UML 2.5.1-Spezifikation irrelevant. Um die Antworten besser visuell zu ihren jeweiligen Nachrichten zuordnen zu können, haben wir jeweils denselben Pfeiltyp gewählt.

6.2 Automatisierte Backanlage: Verhaltensmodellierung

6.2.1 Use-Case-Diagramm

Musterlösung:

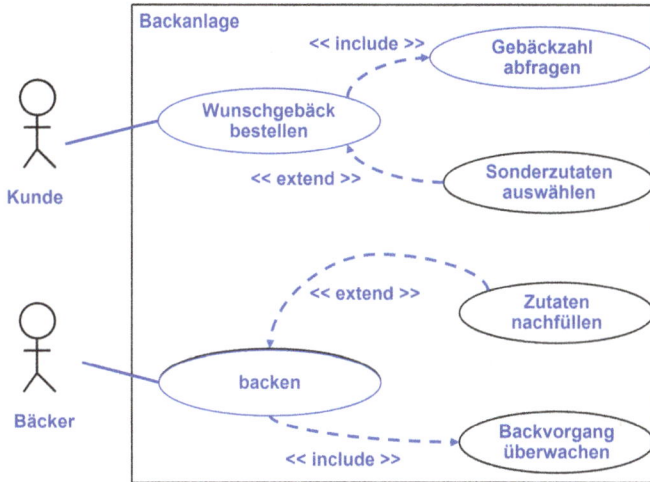

Abb. 6.3: Lösung für Use-Case-Diagramm der automatisierten Backanlage.

Erläuterung:

Die Akteure sowie das System müssen benannt werden (vgl. Abbildung 6.3). Die Platzierung der Akteure (Strichmännchen inkl. Benennung) kann beliebig außerhalb der Systemgrenzen sein. Da der Use-Case „Gebäckzahl angeben" immer ausgeführt wird, wenn „Wunschgebäck bestellen" ausgeführt wird, werden diese, wie in der Lösung gezeigt, mit einer include-Verbindung verknüpft (Use-Case „Wunschgebäck bestellen" beinhaltet Use-Case „Gebäckzahl abfragen"). Gleiches gilt für den Use-Case „backen", der immer „Backvorgang überwachen" erfordert. Die Use-Cases „Sonderzutaten auswählen" und „Zutaten nachfüllen" sind optionale Use-Cases, die nur unter bestimmten Bedingungen im Rahmen der Use-Cases „Wunschgebäck bestellen" und „backen" ausgeführt werden. Folglich sind sie mit denen jeweils über eine extend-Verbindung verknüpft.

6.2.2 Sequenzdiagramm für „Zutaten nachfüllen"

Musterlösung:

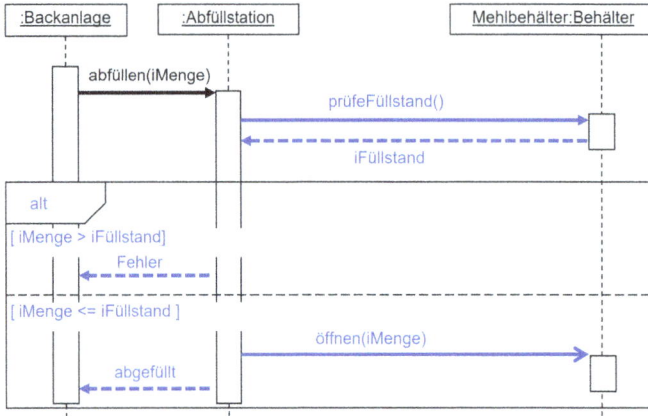

Abb. 6.4: Lösung für Sequenzdiagramm der automatisierten Backanlage.

Erläuterung:

Im Sequenzdiagramm (vgl. Abbildung 6.4) fragt die Abfüllstation die Mehlmenge beim entsprechenden Behälter ab. Da es sich um eine Abfrage handelt, bei der eine Antwort erwartet wird, ist die Kommunikation synchron (geschlossene Pfeilspitzen). „Mehlbehälter: Behälter" ist eine konkrete Instanz (Objekt) namens „Mehlbehälter" der Klasse Behälter. Die Angabe eines Objektnamens ist optional (vgl. Abfüllstation). Für die Fallunterscheidung muss ein Fragment mit Kennung „alt" für „Alternative" eingefügt werden. Die gestrichelte Linie trennt die alternativen Abläufe, die im Falle der in rechteckigen Klammern gegebenen Bedingung ausgeführt werden. „Wenn der aktuelle Füllstand (iFüllstand) nicht für die Bestellung (iMenge) ausreicht", lässt sich in die Bedingung iMenge > iFüllstand übersetzen. Zur Abdeckung der anderen Füllstände kann für die zweite Alternative die in der Lösung gezeigte Bedingung oder „[Else]" bzw. „[Sonst]" eingetragen werden. Da die Methode „öffnen" keinen Rückgabewert liefert, wird sie als asynchrone Nachricht (offene Pfeilspitze) modelliert.

6.2.3 Aktivitätsdiagramm

Musterlösung:

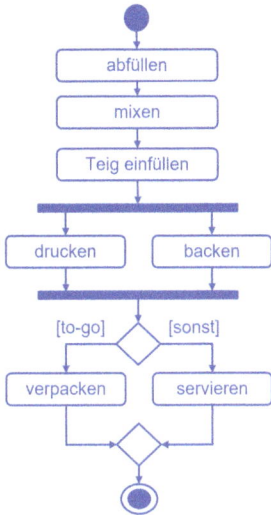

Abb. 6.5: Lösung für Aktivitätsdiagramm der Backanlage.

Erläuterung:
Ein Aktivitätsdiagramm beginnt mit einem Startknoten (ausgefüllter Kreis). Die ersten drei Aktionen (vgl. Abbildung 6.5) werden sequenziell ausgeführt, folglich stehen sie untereinander. Da es sich um einzelne Aktionen handelt, sind sie separat modelliert. Die Parallelitätsbalken (ausgefüllte Rechtecke) vor und nach „Drucken" und „Backen" zeigen, dass die zwei Aktionen gleichzeitig erfolgen. Die zwei Parallelitätsbalken kennzeichnen Start und Ende (Synchronisation) des parallelen Ablaufs. Analog dazu zeigen Entscheidungsknoten (Rauten) Start und Ende alternativer Abläufe, hier die Unterscheidung zwischen [to-go] und [sonst]. Alternative Kontrollflüsse müssen über die Raute zusammengeführt werden, bevor ein gemeinsamer Ablauf fortgesetzt wird. Der Endknoten (Doppelkreis unten in der Lösung, Abbildung 6.5) kennzeichnet das Ende des Gesamtablaufs.

In dieser Lösung wurden keine Swimlanes verwendet. Insofern die je Aktion verantwortlichen Stationen stärker hervorgehoben werden sollen, können z. B. links Swimlanes ergänzt werden.

6.3 Einkaufsassistent: Aktivitätsdiagramm

Musterlösung:

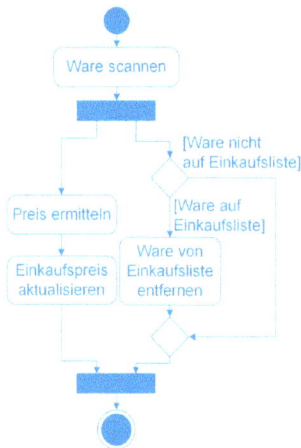

Lösung für Aktivitätsdiagramm des Einkaufsassistenten.

Erläuterung:

Da die Aktionen „Preis ermitteln" und „Einkaufspreis aktualisieren" parallel zur Überprüfung der Einkaufsliste stattfinden, werden Parallelitätsbalken (ausgefüllte Rechtecke) modelliert (vgl. Abbildung 6.6). Die Überprüfung der Einkaufsliste erfordert eine Fallunterscheidung, gekennzeichnet durch die Entscheidungsknoten (Rauten). Da der Bedingung „Ware nicht auf Einkaufsliste" keine Aktion folgt, geht der Kontrollfluss (Pfeil rechtszwischen den Rauten) direkt vom Entscheidungsknoten (engl.: DecisionNode) in den Verbindungsknoten (engl.: MergeNode), um den Kontrollfluss wieder zusammenzuführen.

6.4 Abfüllstation: Aktivitätsdiagramm

Musterlösung:

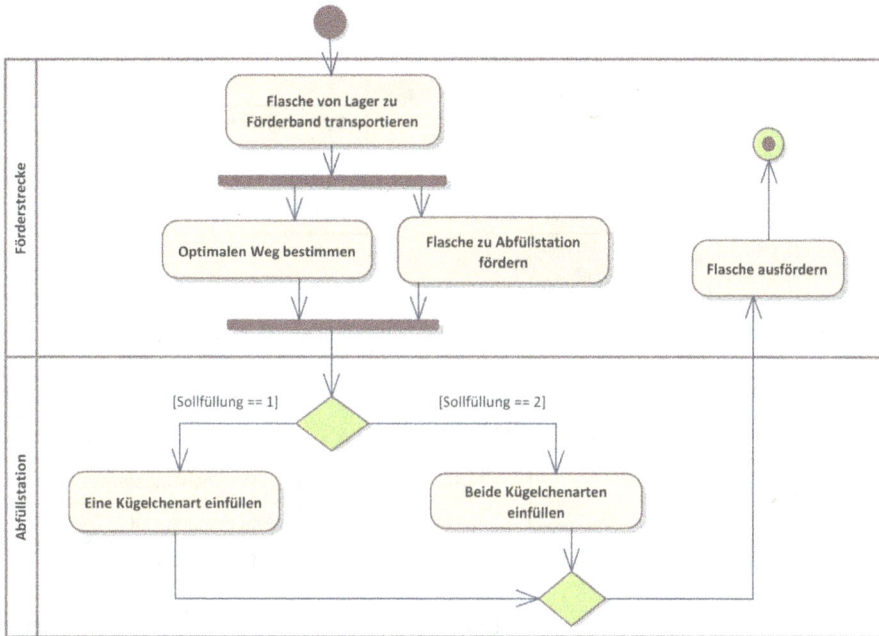

Abb. 6.7: Lösung für Aktivitätsdiagramm der Abfüllstation.

Erläuterung:

Die hier gezeigte Lösung (vgl. Abbildung 6.7) wurde mit dem Modellierungstool Enterprise Architect (EA) erstellt und hat daher die für EA typische Kennzeichnung der Diagrammart (act = Aktivitätsdiagramm) sowie den Modellnamen „Aktivitätsdiagramm MyJoghurt-Anlage" (frei wählbar) in der linken Ecke des Modellkastens. Die Swimlanes sind links mit dem jeweils agierenden Objekt benannt und veranschaulichen so die Zugehörigkeit der in den jeweiligen Swimlanes enthaltenen Aktionen. Die Roboter setzt die Flasche aufs Förderband. Anschließend wird, durch Parallelitätsbalken gekennzeichnet, zeitgleich der optimale Weg bestimmt, während die Flasche zur Abfüllstation gefördert wird. Es folgen die alternativen Aktionen zum Einfüllen von ein oder zwei Kügelchenarten. Eine alternative Lösung könnte hier auch drei alternative Aktionen „weiße Kügelchen einfüllen", „braune Kügelchen einfüllen" und „beide Kügelchen einfüllen" modellieren. Das Ausfördern der Flaschen erfolgt durch die Förderstrecke, folglich befindet sich die Aktion wieder in der oberen Swimlane. Alternativ kann die Aktion „Flasche ausfördern" detaillierter, z. B. durch zwei Aktionen „Flasche zu Roboter fördern" und „Flasche in Lager setzen" modelliert werden. Die Positionierung der Start- und Endknoten kann außerhalb sowie in einer beliebigen Swimlane erfolgen.

6.5 Seilbahnsystem: Klassendiagramm

Musterlösung:

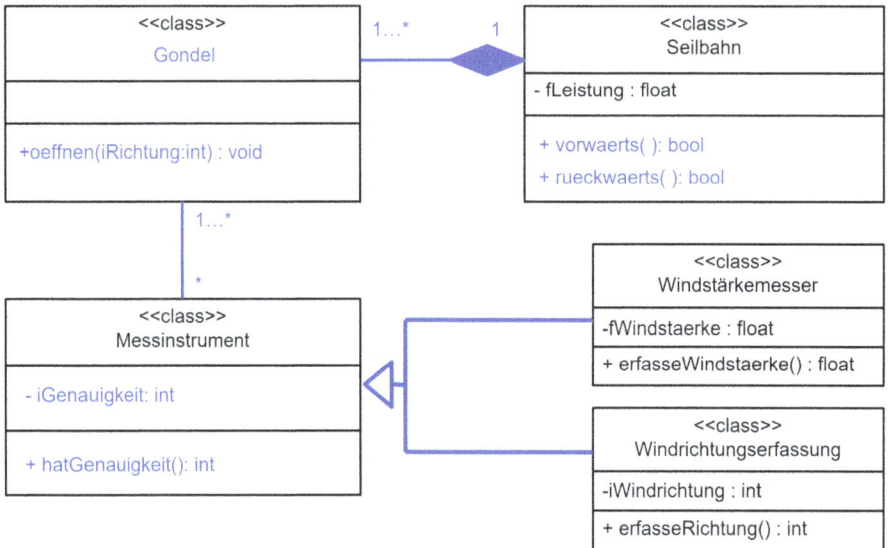

```
┌─────────────────────────┐                    ┌─────────────────────────┐
│        <<class>>        │  1...*        1    │        <<class>>        │
│         Gondel          │                    │         Seilbahn        │
├─────────────────────────┤                    ├─────────────────────────┤
│                         │                    │  - fLeistung : float    │
├─────────────────────────┤                    ├─────────────────────────┤
│ +oeffnen(iRichtung:int) │                    │  + vorwaerts( ) : bool  │
│       : void            │                    │  + rueckwaerts( ) : bool│
└─────────────────────────┘                    └─────────────────────────┘
         1...*
          │                                    ┌─────────────────────────┐
          *                                    │        <<class>>        │
┌─────────────────────────┐                    │     Windstärkemesser    │
│        <<class>>        │                    ├─────────────────────────┤
│      Messinstrument     │                    │ -fWindstaerke : float   │
├─────────────────────────┤                    ├─────────────────────────┤
│  - iGenauigkeit: int    │                    │ + erfasseWindstaerke()  │
├─────────────────────────┤                    │        : float          │
│  + hatGenauigkeit(): int│                    └─────────────────────────┘
└─────────────────────────┘
                                               ┌─────────────────────────┐
                                               │        <<class>>        │
                                               │  Windrichtungserfassung │
                                               ├─────────────────────────┤
                                               │ -iWindrichtung : int    │
                                               ├─────────────────────────┤
                                               │ + erfasseRichtung() : int│
                                               └─────────────────────────┘
```

Abb. 6.8: Lösung für Klassendiagramm des Seilbahnsystems.

Erläuterung:

Die Lösung (vgl. Abbildung 6.8) zeigt die Notation für die Attribute und Methoden, die aus der Systembeschreibung entnommen und den jeweiligen Klassen zugeordnet werden können. Im Sinne der Datenkapselung sind alle Attribute als private (Minus vor Attributname z. B. – iGenauigkeit) und die Methoden als public (Plus vor Methodenname z. B. +oeffnen) modelliert. iRichtung ist eine Ganzzahl (Integer, kurz int) und ist der Übergabeparameter der Methode oeffnen und steht folglich innerhalb ihrer Klammern. „Void" kennzeichnet, dass die Methode oeffnen keinen Rückgabewert hat. Eine alternative Lösung könnte die Tür der Gondel separat modellieren.

Eine Seilbahn besteht zwingend aus mindestens einer Gondel (Kardinalität 1...* heißt mindestens eine und bis zu beliebig viele), die wiederum fest zu genau einer Seilbahn (Kardinalität 1) gehören. Dass die Seilbahn nur mit Gondel(n) existiert (hierarchische, existenzabhängige Beziehung), ist durch eine Komposition (ausgefüllte Raute) gekennzeichnet.

Eine Gondel kommuniziert mit beliebig vielen (Kardinalität * oder alternativ 0...*) Messinstrumenten. Da hier eine lockere, nicht-hierarchische Verbindung vorliegt, werden die zwei Klassen durch eine Assoziation (Linie ohne zusätzliches Element) verbunden. Windstärkemesser und Windrichtungserfassung erben von der Klasse Messinstrument, da sie „zwei *Arten* von Messinstrumenten" sind. Der Vererbungspfeil kann, wie hier in der Lösung gezeigt, zusammengefasst oder alternativ in zwei separaten Pfeilen modelliert werden.

6.6 Automatisierte Backanlage: Klassen- und Zustandsdiagramm des Mixers

6.6.1 Beziehungen im Klassendiagramm

Musterlösung:

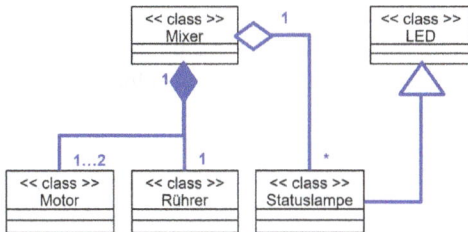

Abb. 6.9: Lösung für Klassendiagramm des Mixers der automatisierten Backanlage.

Erläuterung:

Das Klassendiagramm (vgl. Abbildung 6.9) erforderte nur das Einzeichnen von Beziehungen zwischen den Klassen. Da ein Mixer zwingend aus Motor und Rührer besteht, sind diese mit einer Komposition (ausgefüllte Raute) verbunden. Die Angabe „ein bis zwei Motoren" ist durch die Kardinalität 1...2 modelliert. Die Beziehung von Mixer und Statuslampe ist eine Aggregation (leere Raute, nicht-existenzabhängige, hierarchische Beziehung), da der Mixer nur optional aus beliebig vielen (Kardinalität *) Statuslampen besteht. Der Pfeil zwischen Statuslampe und LED zeigt eine Vererbung, da die LED die Basisklasse einer Statuslampe ist und Attribute sowie Methoden an sie vererbt. Vererbungen haben keine Kardinalitäten.

6.6.2 Zustandsdiagramm

Musterlösung:

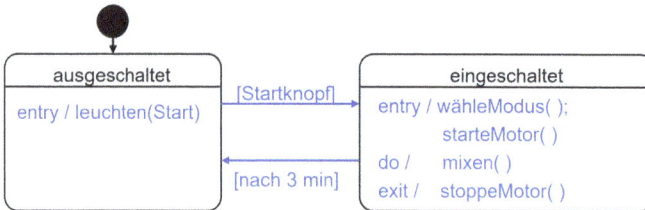

Abb. 6.10: Lösung für Zustandsdiagramm des Mixers der automatisierten Backanlage.

Erläuterung:

Da die Leuchten-Funktion nur einmalig innerhalb des Zustands „ausgeschaltet" aufgerufen werden soll, muss sie als entry-Funktion modelliert werden. Mit „do" würde sie zyklisch erneut aufgerufen. Die Bedingung Startknopf ist TRUE kann wie in der Lösung (vgl. Abbildung 6.10) oder alternativ mit [Startknopf == true] modelliert werden. Da „Startknopf" den Wert „true" annehmen kann, handelt es sich um eine boolsche Variable, folglich kann der Vergleich „== true" in der Bedingung weggelassen werden. Im Zustand „eingeschaltet" werden die Funktionen „wähleMotor" und „starteMotor" einmalig zu Beginn ausgeführt und sind daher als Eintrittverhalten (entry /) angegeben. Gemäß UML-Standard 2.5.1 darf ein Zustand maximal eine Entry, eine Do und eine Exit-Aktivität haben. Insofern eine Aktivität aus mehreren Funktionen besteht, werden diese durch ein Semikolon getrennt dargestellt. Die Funktion mixen wird „dauerhaft" ausgeführt, weshalb sie das Do-Verhalten des Zustands abbildet. Die Funktion „stoppeMotor" ist als Exit-Verhalten modelliert, da sie einmalig beim Verlassen des Zustands ausgeführt wird.

6.7 Werkstück sortieren: Zustandsdiagramm

Musterlösung:

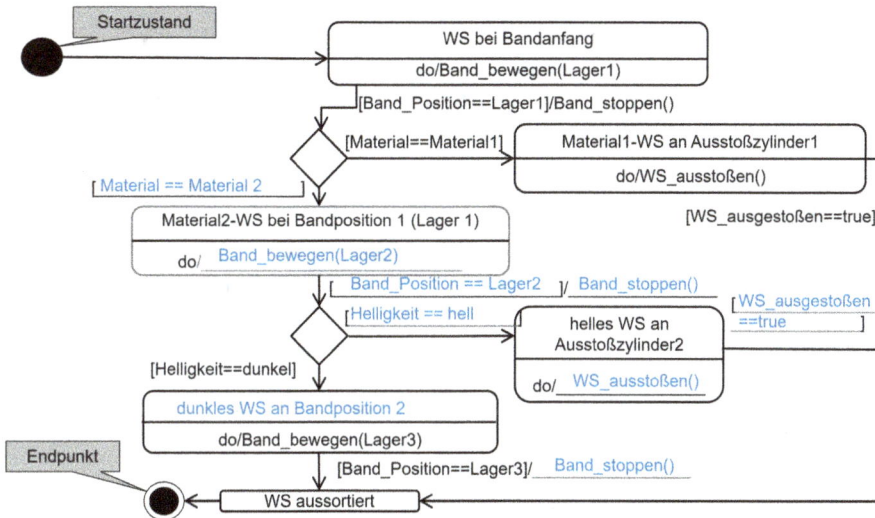

Abb. 6.11: Lösung für Zustandsdiagramm der Werkstücksortierung.

Erläuterung:

Am Bandanfang befindet sich die Materialerkennung, die zwischen Material1 und Material2 entscheidet (vgl. Abbildung 6.11). Aus der gegebenen Vorlage können die verwendeten Variablennamen (hier „Material") abgelesen werden. Die Bedingung wird hier gemäß der Notation „==" der Programmiersprache C geprüft. Die Funktion „Band_bewegen" mit Übergabeparameter „Lager2" fördert Material2-Werkstücke zu Lager2. Gemäß gegebener Vorlage werden die Zustände verlassen (vgl. Zustand „WS bei Bandanfang"), sobald die jeweils nächste Bandposition erreicht wurde (hier: Band_Position == Lager2). Gemäß Layoutskizze in der Aufgabenstellung wird am Lager2 die Helligkeit des Werkstücks bestimmt und darauf basierend entweder das Werkstück ausgestoßen (Werkstück hell), oder in Lager3 gefördert (Werkstück dunkel). Der Zustand „helles WS an Ausstoßzylinder2" wird analog zum Zustand „Material1-WS an Ausstoßzylinder1" modelliert.

6.8 Förderband: Zustandsdiagramm

Musterlösung:

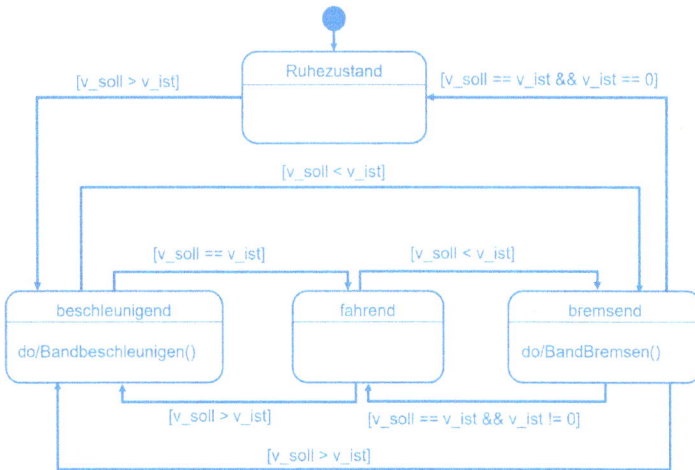

Abb. 6.12: Lösung für Zustandsdiagramm des Förderbands.

Erläuterung:

In der Systembeschreibung können vier Zustände (vgl. Abbildung 6.12) identifiziert werden. Für die Transitionsbedingungen werden v_ist und v_soll verwendet, da diese als Sensorwerte vorliegen. Der Anfangszustand (hier: Zustand „ruhend") ist mit dem Startknoten verbunden. V_ist ist im Ruhezustand 0, folglich kann die Transitionsbedingung $[v\_soll > v\_ist]$ oder $[v\_soll > 0]$ heißen. Die Aktionen innerhalb der Zustände *beschleunigend* und *bremsend* sind als DO-Verhalten modelliert, da davon ausgegangen wird, dass diese so lange beschleunigen bzw. bremsen, bis eine der Transitionsbedingungen erfüllt ist. Der Zustand *bremsend* hat die zusätzliche Transition $[v\_soll == v\_ist \,\&\&\, v\_ist == 0]$ für den Übergang zum Ruhezustand. Die Transitionsbedingung kann alternativ $v\_soll == 0 \,\&\&\, v\_ist == v\_soll$ heißen. Die zwei Teilbedingungen werden durch das doppelte UND(&)-Zeichen verknüpft. Die Transition von *bremsend* zu *fahrend* benötigt die zusätzliche Teilbedingung $v\_ist \,!= 0$, damit das Zustandsdiagramm deterministisch ist d. h. eindeutig, welcher Zustand für $v\_soll == v\_ist$ folgt.

6.9 Ticketkauf: Zustandsdiagramm

Musterlösung:

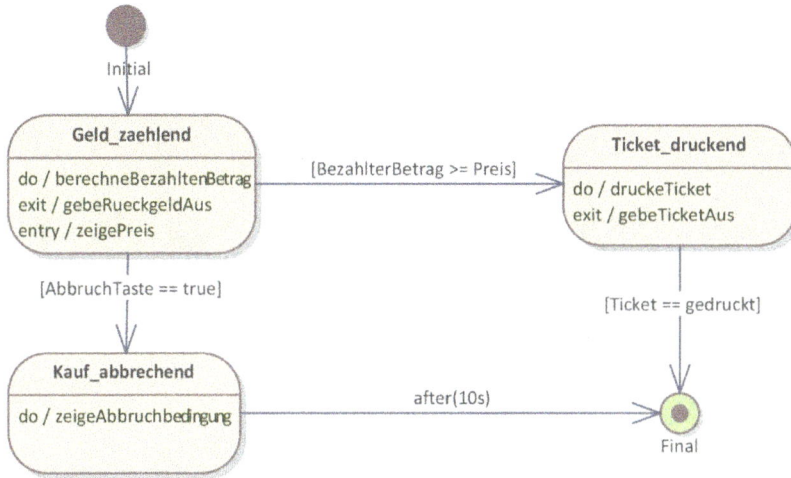

Abb. 6.13: Lösung für Zustandsdiagramm des Ticketkaufs.

Erläuterung:

Im Zustand Geld_zaehlend wird kontinuierlich Geld eingeworfen, daher muss die Methode „berechneBezahltenBetrag" bei jedem Münzeinwurf neu ausgeführt werden. Die Entry-Aktion „zeigePreis" wird gemäß Lösung (vgl. Abbildung 6.13) einmalig zu Beginn ausgeführt, um den Gesamtpreis anzuzeigen. Alternativ kann „zeigePreis" ebenfalls als Do-Verhalten modelliert werden, insofern sich die Preisanzeige verändern soll. Immer wenn der Zustand Geld_zaehlend verlassen wird, wird Rückgeld zurückgegeben (exit-Verhalten). Alternativ könnte die Rückgeldausgabe an jedem der Transitionen oder zu Beginn jedes Folgezustands modelliert werden, was die spätere Codekomplexität und Codewartbarkeit verschlechtern würde (mehr Codezeilen und mehr zu ändernde Programmabschnitte im Falle einer Änderung an der Funktion). Der Ticketdruck ist über einen separaten Zustand modelliert. „druckeTicket" kann je nach Designentscheidung als Do-Verhalten oder als Entry-Verhalten modelliert werden. Wir haben uns hier für Do entschieden, da der Druckvorgang andauert und die Funktion nach Anzahl der zu druckenden Tickets mehrfach aufgerufen werden muss. Am Ende wird das Ticket ausgegeben.

Hinweis: Die Reihenfolge von entry/do/exit (vgl. Zustand Geld_zaehlend) kann beliebig variieren, ohne die Logik des Diagramms zu ändern. Das Zustandsdiagramm wurde in EA modelliert, wodurch die Visualisierung z. B. des Endknotens mit Beschriftung „Final" abweicht.

6.10 Einkaufsassistent: Zustandsdiagramm

Musterlösung:

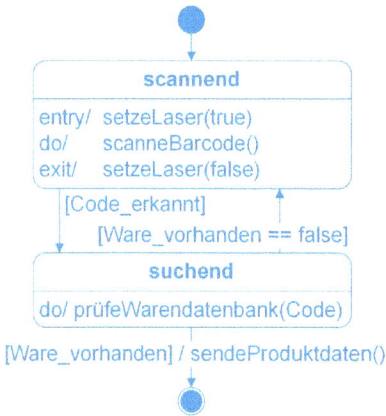

Abb. 6.14: Lösung für Zustandsdiagramm des Einkaufsassistenten.

Erläuterung:

Der Laser des Scanners (vgl. Abbildung 6.14) darf nur im Zustand „scannend" aktiv sein, folglich muss er bei Eintritt in den Zustand (entry) eingeschaltet (Übergabeparameter true) und bei Verlassen des Zustands (exit) ausgeschaltet (Übergabeparameter false) werden. Da das Scannen des Barcodes kontinuierlich erfolgt, ist es im Do-Verhalten des Zustands modelliert. Die boolsche Variable Code_erkannt triggert die Transition in den suchend-Zustand. Da „sendeProduktdaten" nicht bei jedem Verlassen des Zustands „suchen", sondern nur in dem Fall, dass die Ware vorhanden ist, ausgeführt werden soll, kann sie nicht als Exit-Verhalten des Zustands „suchend" modelliert werden, sondern ist an der Transition in den Endzustand.

Da in der Aufgabe nur boolsche Variablen vorliegen, können die zwei Transitionsbedingungen zwischen „scannend" und „suchend" alternativ mit [Code_erkannt == true] bzw. [!Ware_vorhanden] modelliert werden.

6.11 Flüssigkeitsspeicher: SysML BDD und IBD

6.11.1 Blockdefinitionsdiagramm (BDD)

Musterlösung:

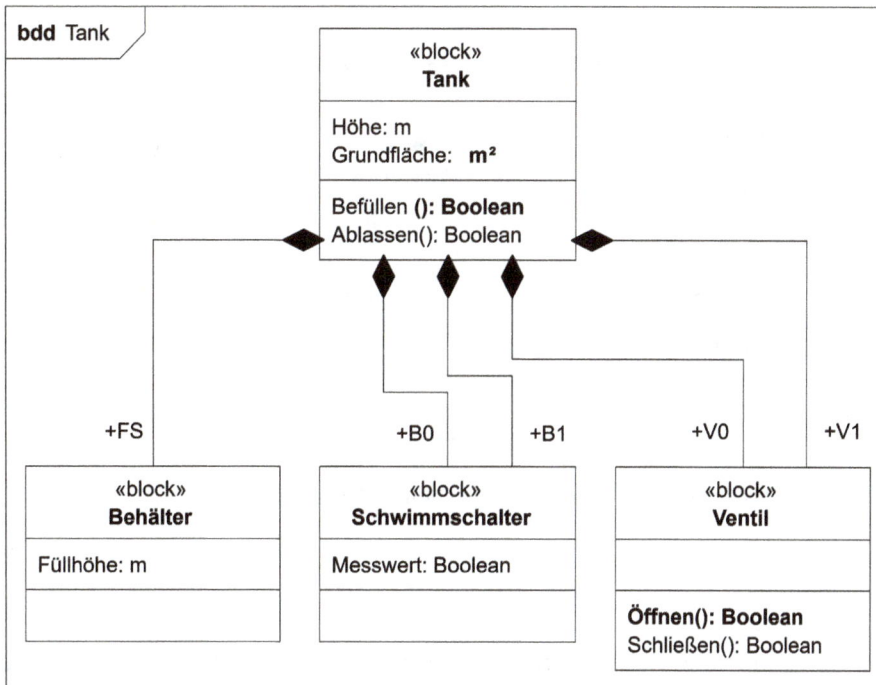

Abb. 6.15: Lösung für Blockdefinitionsdiagramm des Flüssigkeitsspeichers.

Erläuterung:

Die drei unteren Blöcke sind existenzabhängige Teile des Tanks. Ihre Beziehung wird daher, wie in der Lösung gezeigt (vgl. Abbildung 6.15), jeweils als Kompositionen modelliert. Die Instanznamen (z. B. B0, B1) sind bei der jeweiligen Klasse angegeben. Für jede Instanz einer Klasse muss eine ausgehende Beziehungslinie modelliert werden, die ausgefüllten Rauten können zur Übersichtlichkeit zusammengefasst werden. In der Klasse Tank fehlten die Einheiten von Grundfläche (für Flächen aus der Mathematik: m^2) sowie Befüllen (Boolean, analog zur Operation Ablassen gewählt). Gemäß Systembeschreibung musste die Klasse Ventil um die Operation Öffnen (boolean analog zu Schließen) erweitert werden. Hinweis: Die Einheiten sind hier menschenlesbar angegeben. Angepasst an z. B. die Programmiersprache C++ würden die Datentypen m, m^2, boolean z. B. in float, float, bool umgewandelt.

6.11.2 Internes Blockdiagramm (IBD)

Musterlösung:

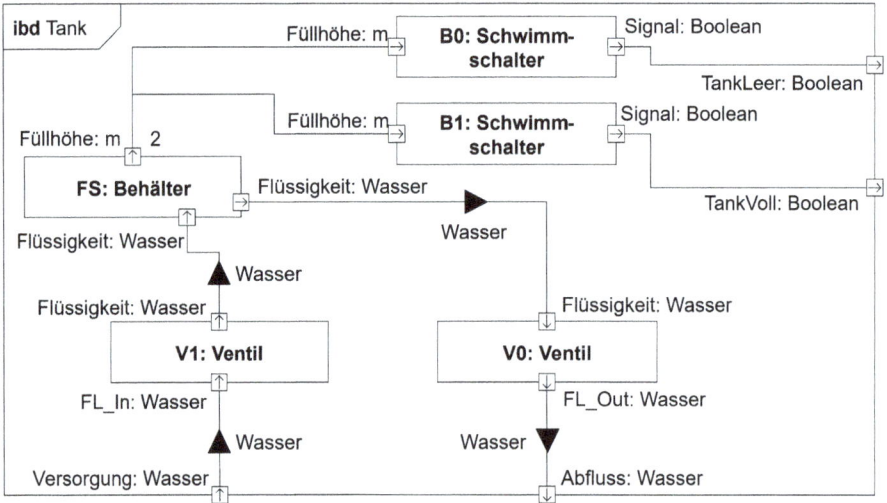

Abb. 6.16: Lösung für Internes Blockdiagramm des Flüssigkeitsspeichers.

Erläuterung:

Im IBD (vgl. Abbildung 6.16) müssen die zwei Instanzen V0: Ventil und B0: Schwimm-schalter ergänzt werden. B1 ist bereits mit Signalverbindungen zu den Ports Füllhöhe und TankVoll vorhanden, B0 wird analog dazu modelliert (Füllhöhe und TankLeer). Füllhöhe bei FS: Behälter signalisiert mit der 2, dass hier zwei Signalleitungen ausgehen. V0: Ventil regelt den Abfluss, folglich muss es mit dem Ausgangs-Port „Flüssigkeit: Wasser" vom Behälter sowie dem Abfluss: Wasser – Port des Tanks (vgl. Systemgrenze) verbunden werden.

6.12 Stempelanlage: Fehlersuche im IBD

Musterlösung:

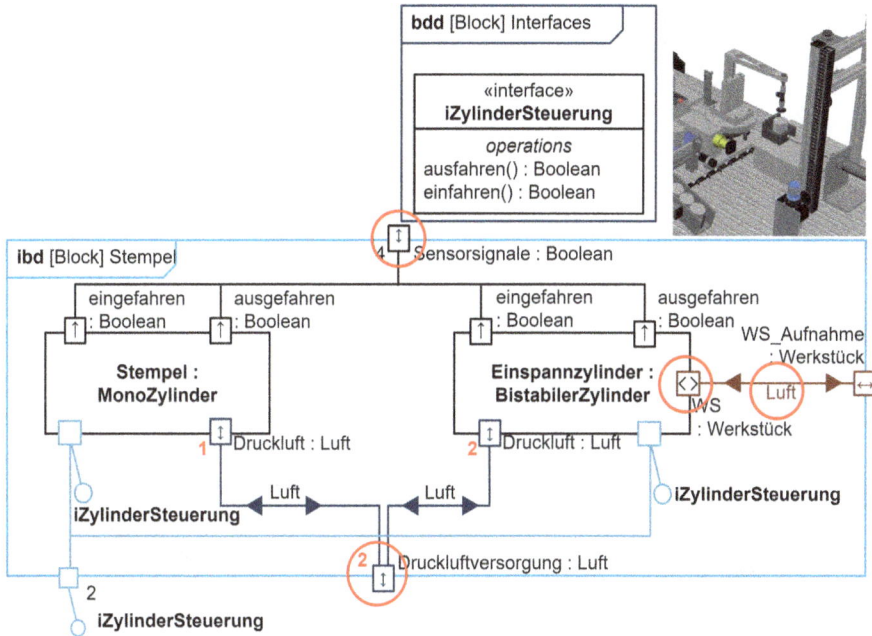

Abb. 6.17: Lösung für Fehlersuche im IBD der Stempelanlage.

Erläuterung:

Die roten Kreise in der Lösung (vgl. Abbildung 6.17) markieren die Fehler im IBD. Der Port oben in der Mitte ist als InOut-Port modelliert, und widerspricht somit der Modellierung der mit ihm verbundenen Out-Ports. Zur Erinnerung: Miteinander verbundene, atomare Objektflussports müssen die gleiche Richtung aufweisen. Da es sich bei der modellierten Signalleitung um Sensorsignale handelt, die nur gelesen werden (unidirektional), muss der InOut-Port zu einem Out-Port geändert werden.

Bei dem Port unten in der Mitte findet sich ein Widerspruch hinsichtlich der Multiplizitäten (in Lösung in roter Schrift): Ein MonoZylinder benötigt eine Druckluftleitung (Multiplizität 1), ein BistabilerZylinder benötigt zwei (Multiplizität 2), aber die Druckluftversorgung bietet nur zwei Anschlüsse an (Multiplizität 2). Die Summen der Ein- und Ausgänge müssen identisch sein, folglich muss die Multiplizität 2 an der Systemgrenze des Stempels zu einer 3 geändert werden.

Der Anschluss rechts vom Einspannzylinder soll das Ein- und Ausfahren des Werkstücks modellieren. Die über den Objektfluss transportierten Objekte (hier: „Luft" angeben) müssen dabei zu den jeweiligen Ports (hier: Werkstück) passen. Folglich muss „Luft" zu „Werkstück" geändert werden. Da der Port vom Einspannzylinder nur für Werkstücke genutzt wird, ist hier ein atomarer InOut-Port ausreichend.

6.13 Gesamtaufgabe SysML: Intralogistikanlage

6.13.1 Anforderungsdiagramm

Musterlösung:

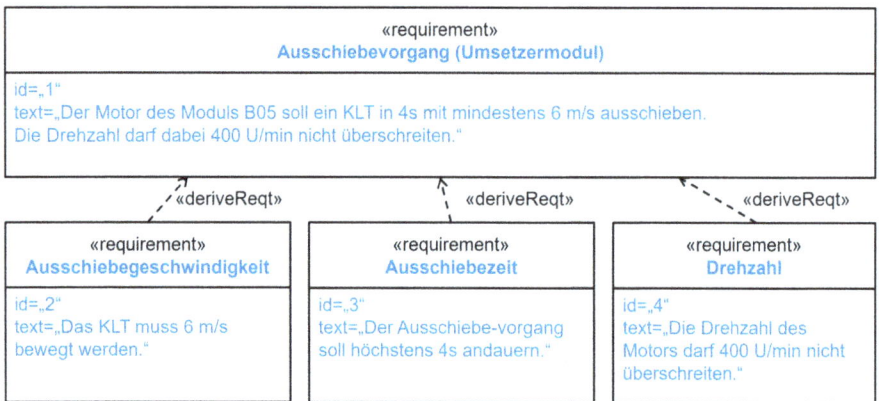

Abb. 6.18: Lösung für Anforderungsdiagramm des Umsetzermoduls der Intralogistikanlage.

Erläuterung:

Aus der gegebenen Anforderung für das Umsetzermodul (hier „Ausschiebevorgang" benannt), können drei Teilanforderungen „Ausschiebegeschwindigkeit" (6 m/s), „Ausschiebezeit" (4 s) und „Drehzahl" (400 U/min) abgeleitet werden. Die Lösung (vgl. Abbildung 6.18) zeigt, wie die Anforderung in einem Anforderungsdiagramm abgebildet werden kann.

6.13.2 Sequenzdiagramm

Musterlösung:

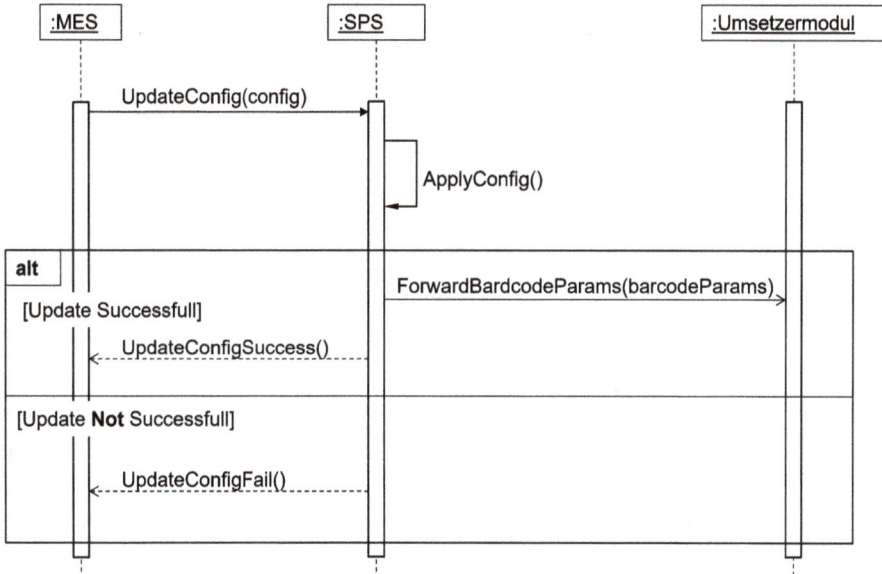

Abb. 6.19: Lösung für Sequenzdiagramm der Intralogistikanlage.

Erläuterung:

Das MES kommuniziert mit der SPS synchron (ausgefüllte Pfeilspitze), da es eine Antwort von der SPS erwartet. Die Übergabe der Konfigurationsdaten an die SPS kann durch den Übergabeparameter config der Nachricht UpdateConfig modelliert werden. „Die SPS wendet die Konfiguration auf sich selbst an" bedeutet, dass die SPS die Nachricht an sich selbst schickt (Notation s. Lösung). Die Fallunterscheidung (Update (not) successful) wird mit dem alt-Fragment dargestellt. Die SPS kommuniziert nur bei einem erfolgreichen Update mit dem Umsetzermodul. Da sie dabei keine Antwort vom Umsetzermodul erwartet, kommuniziert sie asynchron (offene Pfeilspitze). Je nach Erfolg der Konfiguration sendet die SPS dem MES eine Antwortnachricht (s. Lösung in Abbildung 6.19, gestrichelte Linien).

6.13.3 Blockdefinitionsdiagramm

Musterlösung für Teilaufgaben a und b:

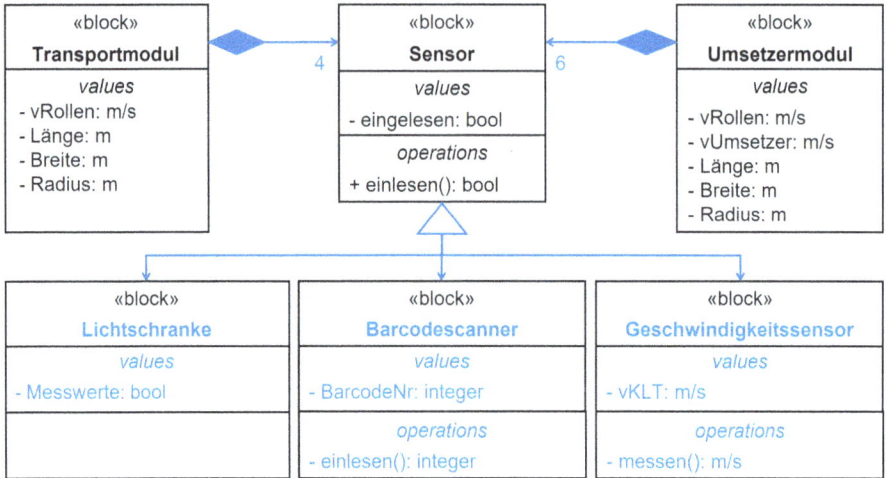

Abb. 6.20: Lösung für Blockdefinitionsdiagramm der Intralogistikanlage.

Erläuterung:

a) Modellierung der Sensorarten

Die Blöcke „Sensor" und „Lichtschranke" sind bereits im BDD vorgegeben und müssen, wie hier in der Lösung gezeigt (vgl. Abbildung 6.20), durch eine Vererbungsbeziehung verbunden werden. Zusätzlich müssen die zwei Blöcken „Barcodescanner" und „Geschwindigkeitssensor" modelliert und per Vererbungspfeil mit „Sensor" verbunden werden.

Der Barcodescanner benötigt die BarcodeNr als Attribut (values), hier als Integer modelliert. Die zugehörige Operation „einlesen" kann als Rückgabetyp entweder einen boolschen Wert, oder wie hier modelliert, denselben Wert wie das zugehörige Attribut haben. Der Geschwindigkeitssensor wird analog modelliert, hier mit der Einheit m/s für die KLT-Geschwindigkeit.

b) Im Transportmodul und im Umsetzermodul verbaute Sensoren

Sowohl das Transportmodul als auch das Umsetzermodul benötigen für ihren Betrieb zwingend Sensoren, folglich ist die Beziehung zum Sensor jeweils mit einer Komposition modelliert. Aus den Grafiken zu den Modulen der Logistikanlage (s. Systembeschreibung in Aufgabe 5.13) können 4 Sensoren für das Transportmodul (3 Lichtschranken und ein Geschwindigkeitssensor) und 6 Sensoren für das Umsetzermodul (4 Lichtschranken, ein Geschwindigkeitssensor und ein Barcodescanner) identifiziert werden. Demnach folgen die Kardinalitäten 4 und 6 in der Lösung(vgl. Abbildung 6.20). An den ausgefüllten Rauten kann jeweils die Kardinalität 1 eingetragen werden, um die Zugehörigkeit der Sensoren zu genau einem der Module deutlicher zu kennzeichnen. Ohne Beschriftung wird eine 1 angenommen.

c)   Modellierung KLT-Block

Musterlösung:

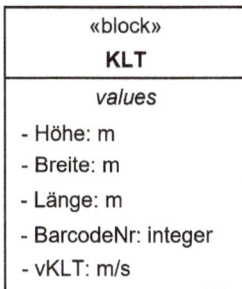

«block»
KLT
values
- Höhe: m
- Breite: m
- Länge: m
- BarcodeNr: integer
- vKLT: m/s

Abb. 6.21: Lösung für KLT-Block.

Erläuterung:
Eigenschaften werden in SysML als „Values" modelliert. Die fünf values inklusive Einheit können der Systembeschreibung entnommen werden (vgl. Lösung in Abbildung 6.21).

6.13.4 Parameterdiagramm

Erläuterung zum Rechenweg:
Um den defekten Geschwindigkeitssensor von C07 zu ersetzen, muss die KLT-Geschwindigkeit an der Position LB_mid von C07 bestimmt werden. Die Geschwindigkeit an LB_mid von C06 ist bekannt. Die Transportzeit kann über die Summe aus Transportzeit C06 (Dauer für Strecke S1 (rot) von LB_mid bis zum Modulende von C06) und Transportzeit C07 (Dauer für Strecke S2 (blau) von Modulanfang bis LB_mid von C07) berechnet werden. Die einzelnen Transportzeiten können wie im Rechenweg unten gezeigt, berechnet werden. Die Strecke wird gemäß gegebener Formel mit Radius r * Winkel α bzw. β berechnet. Die resultierende Formel kann nach der KLT-Geschwindigkeit c_C07.GS.vKLT aufgelöst werden.

Rechenweg:

$$T_{C06} = \frac{S1}{v1} = \frac{r*\alpha}{v\_C06.GS.vKLT}$$

$$T_{C07} = \frac{S2}{v2} = \frac{r*\beta}{v\_C07.GS.vKLT}$$

$$T_{ges} = T_{C06} + T_{C07}$$

$$T_{ges} = \frac{r*\alpha}{v\_C06.GS.vKLT} + \frac{r*\beta}{v\_C07.GS.vKLT}$$

$$\text{v}\_C07.GS.vKLT = \frac{v\_C06.GS.vKLT*r*\beta}{T*v\_C06.GS.vKLT-r*\alpha}$$

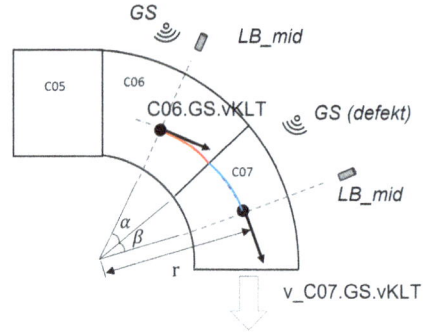

Abb. 6.22: Lösung für Rechenweg.

Musterlösung:

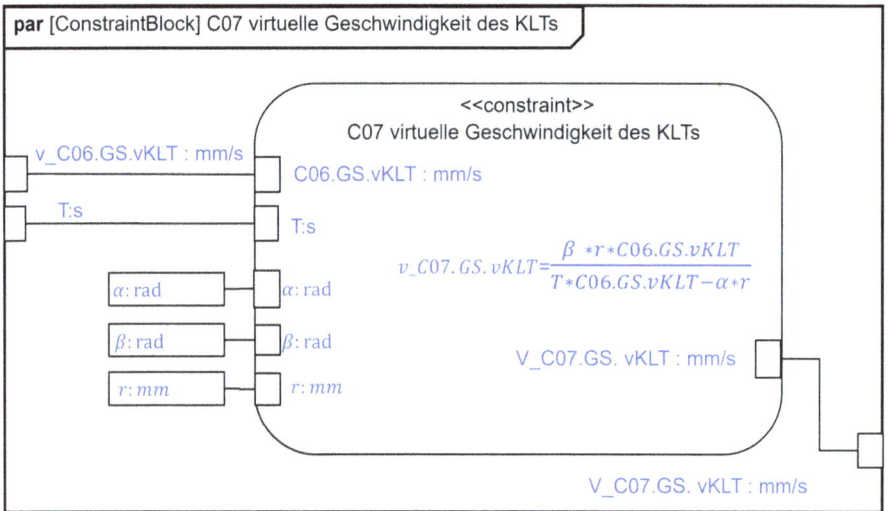

Abb. 6.23: Lösung für Parameterdiagramm für virtuelle Geschwindigkeit des KLTs.

Erläuterung des Parameterdiagramms:

Die aus dem Rechenweg (vgl. Abbildung 6.22) resultierende Formel wird in die Mitte des Parameterdiagramms (vgl. Abbildung 6.23) geschrieben. Der berechnete, virtuelle KLT-Geschwindigkeitswert v_C07.GS.vKLT in mm/s ist das Ergebnis und somit die Ausgabe des Parameterblocks (vgl. Ports rechts). Die Formel benötigt zur Berechnung die durch die Sensoren erfassten Werte „KLT-Geschwindigkeit" von C06 (v_C06.GS-vKLT) und „Gesamttransportzeit T" von LB_mid(C06) bis LB_mid(C07). Da der Parameterblock die aktuellen Sensormesswerte von außen erhält, befinden sich die Ports an den Systemgrenzen. Die Winkel α und β sowie der Radius r sind Konstanten, die nicht von außen beeinflusst werden, und somit fest im Inneren des Parameterblocks vorgegeben werden.

6.13.5 Zustandsdiagramm

Musterlösung:

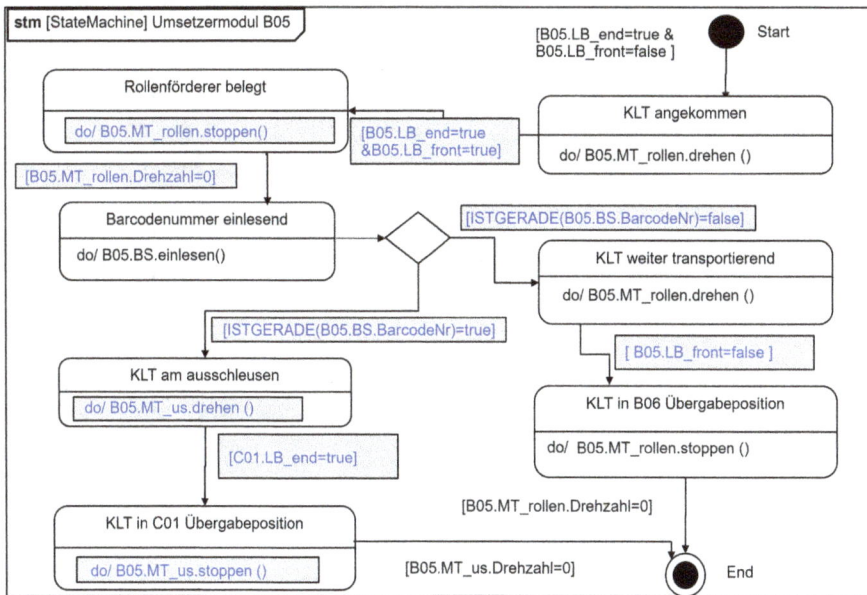

Abb. 6.24: Lösung für Zustandsdiagramm des Umsetzermoduls der Intralogistikanlage.

Erläuterung:

Das KLT muss von beiden Sensoren LB_end und LB_front detektiert werden (beide Sensoren sind TRUE), damit der Motor stoppt (vgl. Abbildung 6.24). Das Stoppen des Motors ist hier aus Sicherheitsgründen als Do-Verhalten modelliert, damit der Motor konstant im Stopp gehalten (Aktoren dauerhaft auf 0 setzen) wird und nicht durch externe Quellen gestartet werden kann. Der erfolgreiche Stillstand des Motors wird durch die Verringerung der Drehzahl auf 0 erkannt. Die Funktion *ISTGERADE* ist hier im Hinblick auf eine hohe Wiederverwendbarkeit der Funktion für andere Anwendungsfälle so modelliert, dass sie die Bardcodenummer als Übergabeparameter erhält und darauf basierend bestimmt, ob die Nummer gerade ist. Bei Rückgabewert TRUE ist die Nummer gerade, bei Rückgabewert FALSE ist sie ungerade. Lichtschranken sind hier so modelliert, dass sie TRUE zurückliefern, wenn sie ein KLT erkennen und FALSE, wenn kein KLT vorliegt. Folglich können aus der Systembeschreibung die Transitionsbedingungen C01.LB_end=true und B05.LB_front=false hergeleitet werden.

Hinweis: Das hier entworfene Zustandsdiagramm adressiert eine Intralogistikanlage, die in IEC 61131-3 programmiert werden soll. In der IEC61131-3 sind einfach „=" keine Wertzuweisung (wie z. B. in C), sondern werden gleichbedeutend zu „==" in C für die Überprüfung von Bedingungen verwendet.

A Übersicht der Beschreibungsmittel in den jeweiligen Diagrammen

A.1 UML-Diagramme

A.1.1 UML Use-Case-Diagramm

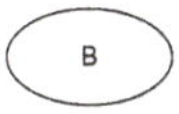

- Ein **Anwendungsfall** (engl. *use-case*) beschreibt eine Funktionalität, die von dem zu entwickelnden System erwartet wird.
- Es umfasst eine Reihe von Funktionen, die bei der Nutzung dieses Systems ausgeführt werden.

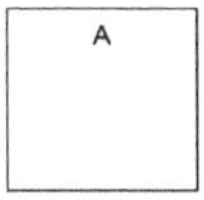

- Die Anwendungsfälle sind im Allgemeinen in einem Rechteck gruppiert. Dieses Rechteck symbolisiert die **Systemgrenzen** des zu beschreibenden Systems.

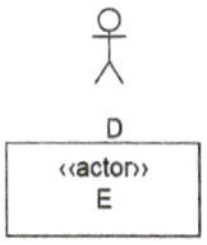

- Im Use-Case Diagramm interagieren die **Akteure** (engl. *actors*) mit dem System immer im Kontext ihrer Anwendungsfälle, d.h. der Anwendungsfälle, mit denen sie verbunden sind.
- Die **Akteure** können menschlich (z. B. Nutzer, Personal) oder nicht-menschlich (z. B. ein Rechner) sein.

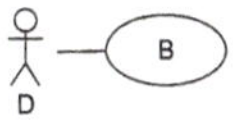

- Ein Akteur ist mit den Anwendungsfällen über **Assoziationen** verbunden, die ausdrücken, dass der Akteur mit dem System kommuniziert und eine bestimmte Funktionalität nutzt.

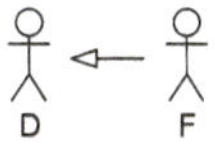

- Akteure haben oft gemeinsame Eigenschaften und einige Anwendungsfälle können von verschiedenen Akteuren genutzt werden.
- Um dies auszudrücken, können die Akteure mit einer Vererbungsbeziehung (**Generalisierung**) verbunden werden

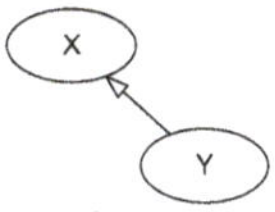

- Wie bei den Akteuren ist auch bei den Anwendungsfällen eine **Generalisierung** möglich.

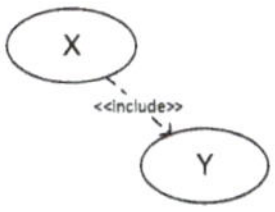

- Wenn ein Anwendungsfall X einen Anwendungsfall Y einschließt, dargestellt durch einen gestrichelten Pfeil von X nach Y, der mit dem Schlüsselwort „**include**" gekennzeichnet ist, wird das Verhalten von Y in das Verhalten von X integriert.

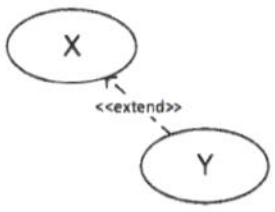

- Wenn ein Anwendungsfall Y in einer „**extend**"-Beziehung zu einem Anwendungsfall X steht, dann kann X das Verhalten von Y nutzen, muss es aber nicht.

Abb. A.1: Notationselemente Use-Case-Diagramm.

https://doi.org/10.1515/9783111429717-007

A.1.2 UML-Sequenzdiagramm

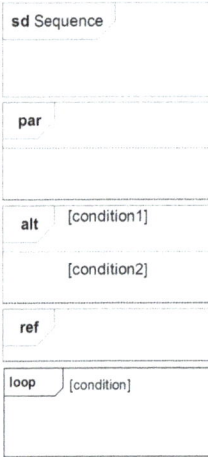

- Modellierung einer **Sequenz**
  - **sd:** Enthält ein Sequenzdiagramm
  - **par:** Parallel ausgeführte Abschnitte
  - **alt:** Alternativ ausgeführte Abschnitte (wenn `condition` = `TRUE`)
  - **ref:** Referenz auf ein anderes (Sub-) Sequenzdiagramm
  - **loop:** Wiederholung ausgeführte Abschnitte (wenn `condition` = `TRUE`)

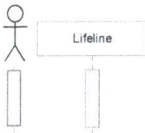

- **Lebenslinie:** Repräsentiert je einen Akteur im System und die Zeiten, zu denen er aktiv ist (grauer Kasten, **Aktivitätsbalken**)

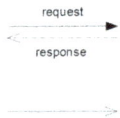

- **Synchrone Kommunikation:** Jede Nachricht (request) erwartet eine Antwort (response) bevor fortgefahren wird

- **Asynchrone Nachricht:** Erfordert keine Antwort

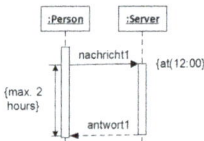

- **Zeitbeschränkungen** geben entweder den Zeitpunkt an, zu dem Ereignisse eintreten, oder eine Zeitspanne zwischen zwei Ereignissen.

Abb. A.2: Notationselemente Sequenzdiagramm.

A.1.3 UML-Aktivitätsdiagramm

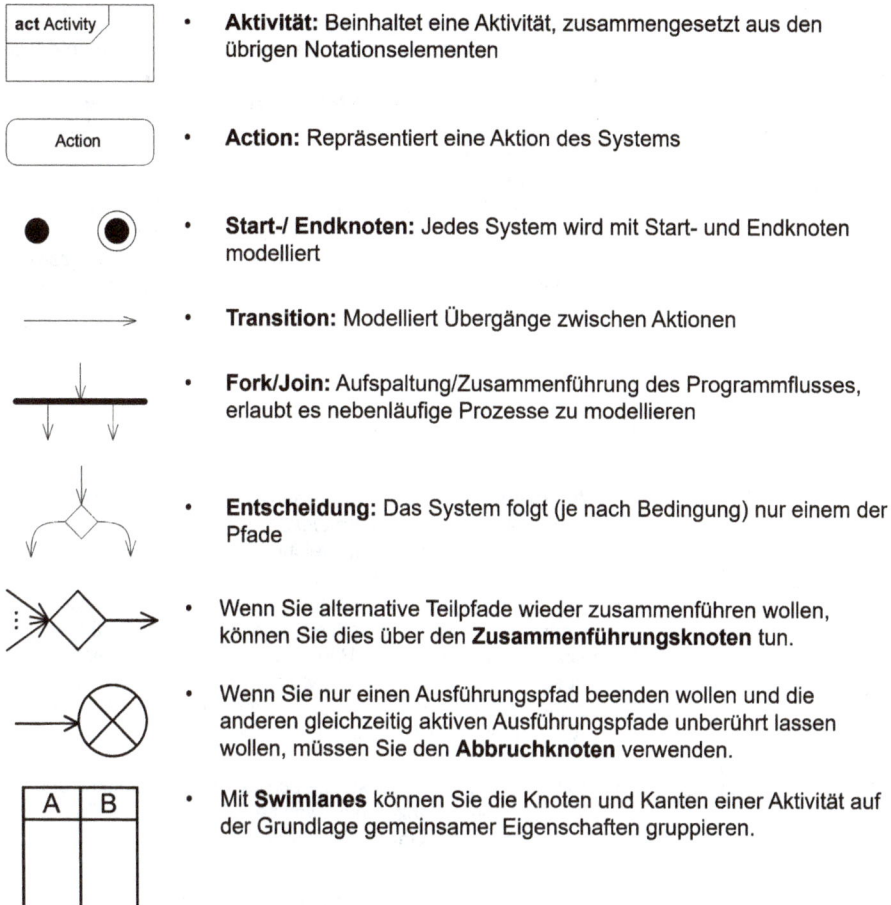

act Activity	• **Aktivität:** Beinhaltet eine Aktivität, zusammengesetzt aus den übrigen Notationselementen
Action	• **Action:** Repräsentiert eine Aktion des Systems
● ◉	• **Start-/ Endknoten:** Jedes System wird mit Start- und Endknoten modelliert
⟶	• **Transition:** Modelliert Übergänge zwischen Aktionen
	• **Fork/Join:** Aufspaltung/Zusammenführung des Programmflusses, erlaubt es nebenläufige Prozesse zu modellieren
	• **Entscheidung:** Das System folgt (je nach Bedingung) nur einem der Pfade
	• Wenn Sie alternative Teilpfade wieder zusammenführen wollen, können Sie dies über den **Zusammenführungsknoten** tun.
	• Wenn Sie nur einen Ausführungspfad beenden wollen und die anderen gleichzeitig aktiven Ausführungspfade unberührt lassen wollen, müssen Sie den **Abbruchknoten** verwenden.
A B	• Mit **Swimlanes** können Sie die Knoten und Kanten einer Aktivität auf der Grundlage gemeinsamer Eigenschaften gruppieren.

Abb. A.3: Notationselemente Aktivitätsdiagramm.

A.1.4 UML-Klassendiagramm

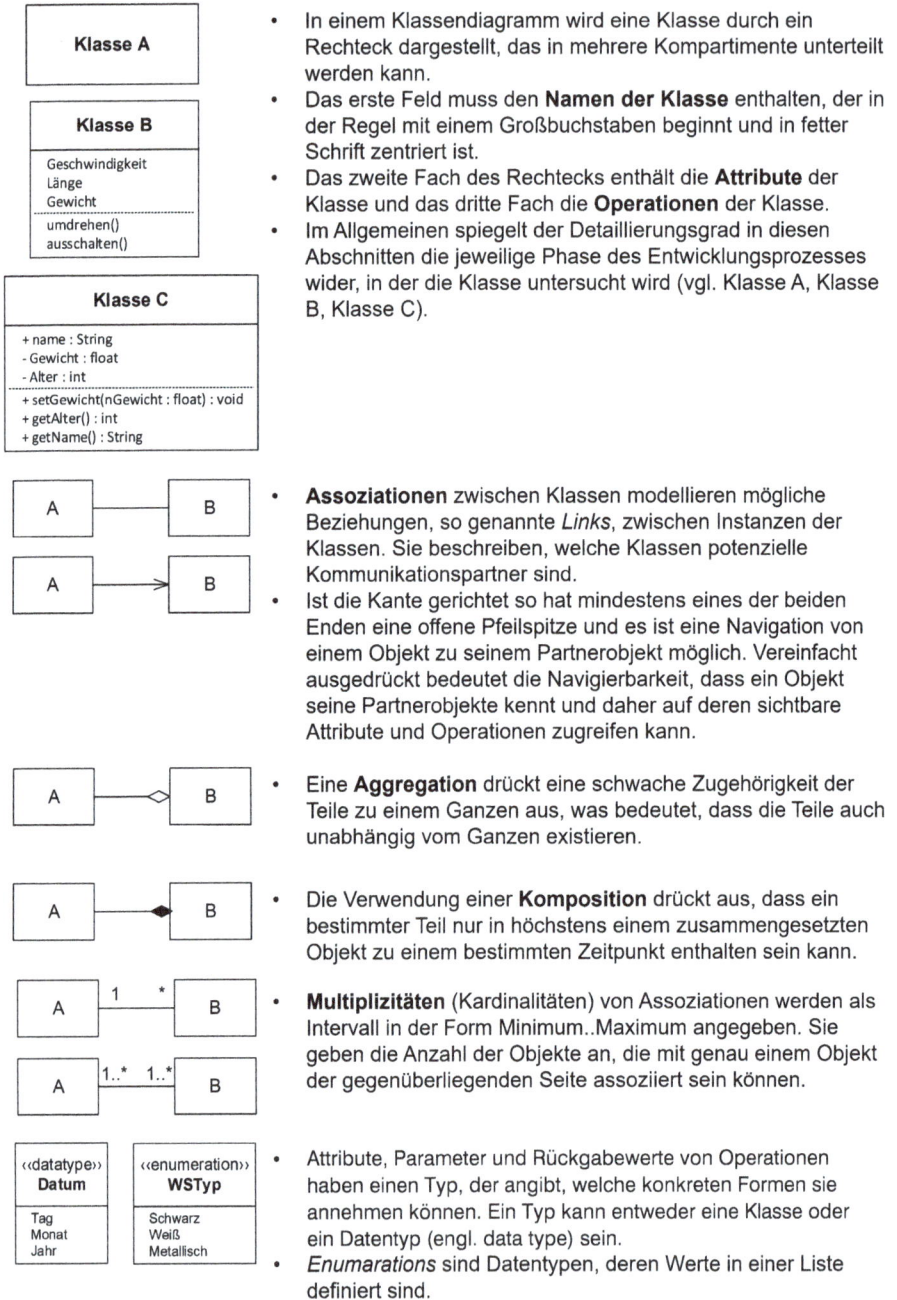

Klasse A

Klasse B
Geschwindigkeit Länge Gewicht
umdrehen() ausschalten()

Klasse C
+ name : String - Gewicht : float - Alter : int
+ setGewicht(nGewicht : float) : void + getAlter() : int + getName() : String

- In einem Klassendiagramm wird eine Klasse durch ein Rechteck dargestellt, das in mehrere Kompartimente unterteilt werden kann.
- Das erste Feld muss den **Namen der Klasse** enthalten, der in der Regel mit einem Großbuchstaben beginnt und in fetter Schrift zentriert ist.
- Das zweite Fach des Rechtecks enthält die **Attribute** der Klasse und das dritte Fach die **Operationen** der Klasse.
- Im Allgemeinen spiegelt der Detaillierungsgrad in diesen Abschnitten die jeweilige Phase des Entwicklungsprozesses wider, in der die Klasse untersucht wird (vgl. Klasse A, Klasse B, Klasse C).

A		B

A	→	B

- **Assoziationen** zwischen Klassen modellieren mögliche Beziehungen, so genannte *Links*, zwischen Instanzen der Klassen. Sie beschreiben, welche Klassen potenzielle Kommunikationspartner sind.
- Ist die Kante gerichtet so hat mindestens eines der beiden Enden eine offene Pfeilspitze und es ist eine Navigation von einem Objekt zu seinem Partnerobjekt möglich. Vereinfacht ausgedrückt bedeutet die Navigierbarkeit, dass ein Objekt seine Partnerobjekte kennt und daher auf deren sichtbare Attribute und Operationen zugreifen kann.

A	◇	B

- Eine **Aggregation** drückt eine schwache Zugehörigkeit der Teile zu einem Ganzen aus, was bedeutet, dass die Teile auch unabhängig vom Ganzen existieren.

A	◆	B

- Die Verwendung einer **Komposition** drückt aus, dass ein bestimmter Teil nur in höchstens einem zusammengesetzten Objekt zu einem bestimmten Zeitpunkt enthalten sein kann.

A	1	*	B

A	1..* 1..*	B

- **Multiplizitäten** (Kardinalitäten) von Assoziationen werden als Intervall in der Form Minimum..Maximum angegeben. Sie geben die Anzahl der Objekte an, die mit genau einem Objekt der gegenüberliegenden Seite assoziiert sein können.

«datatype» **Datum**	«enumeration» **WSTyp**
Tag Monat Jahr	Schwarz Weiß Metallisch

- Attribute, Parameter und Rückgabewerte von Operationen haben einen Typ, der angibt, welche konkreten Formen sie annehmen können. Ein Typ kann entweder eine Klasse oder ein Datentyp (engl. data type) sein.
- *Enumarations* sind Datentypen, deren Werte in einer Liste definiert sind.

Abb. A.4: Notationselemente Klassendiagramm.

A.1.5 UML-Objektdiagramm

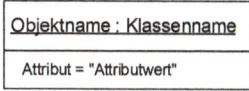

Objektname : Klassenname
Attribut = "Attributwert"

- Das Objektdiagramm visualisiert Instanzen von Klassen, die in einem Klassendiagramm modelliert werden.
- Ein **Objekt** hat eine eindeutige Identität *(Objektname)* und eine Reihe von Attributen, die das Objekt näher beschreiben.

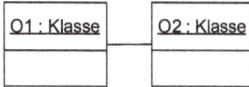

O1 : Klasse	O2 : Klasse

- Objekte interagieren und kommunizieren normalerweise mit anderen Objekten. Die Beziehungen zwischen den Objekten werden als **Links** bezeichnet.

Abb. A.5: Notationselemente Objektdiagramm.

A.1.6 UML-Zustandsdiagramm

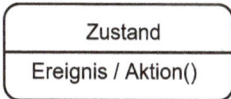

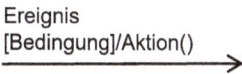

Zustand
Ereignis / Aktion()

- Der Zustand (state) repräsentiert **Menge von Wertekombinationen** des zugehörigen Elements. Er hat einen Namen und ggf. ein internes Verhalten (Aktion), das aufgrund definierter Ereignisse ausgeführt wird.

Ereignis
[Bedingung]/Aktion()
⟶

- Die Transition (transition) spezifiziert einen **Zustandsübergang**. Gerichtete Beziehung zwischen 2 Zuständen.
- **Ereignis / Trigger:** Auftreten eines bestimmten Ereignisses, das zum Zustandsübergang führt (z.B. eine Eingabe bzw. ein Signal, das Ablaufen einer bestimmten Zeit; Beispiel: after(60 s), StartUp).
- **Bedingung:** Bedingung muss wahr sein, damit die Transition schalten kann (z.B. ein Sensor liefert den Wert True. Beispiel: [Material_vorhanden == true])
- **Aktion:** Verhalten, das während des Übergangs ausgeführt wird. Die Aktion schließt mit zwei Klammern „( )". Beispiel: FahreZuBand()

Hinweis: Transitionen können auch nur einen Trigger oder nur eine Bedingung enthalten.

- Der Startzustand (initial pseudostate). **Zeigt auf den ersten Zustand**. Seine ausgehende Transition kann nur mit Aktionen versehen werden, nicht mit Bedingungen.

- Endzustand (final state).

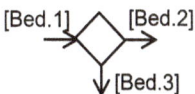

[Bed.1] ⟋ [Bed.2]
⟶ ◇
↓ [Bed.3]

- Entscheidungs-/Verzweigungspunkt (choice pseudostate) ermöglicht anhand von **Bedingungen zwischen Transitionen** auszuwählen und eine Zusammenführung mehrerer Transitionen.

Abb. A.6: Notationselemente Zustandsdiagramm.

A.2 SysML-Diagramme

A.2.1 Anforderungsdiagramm

‹‹requirement››   <Name>
text = "<String>"   id = "<String>"
satisfiedBy   ‹‹<ElementType>››<Element>
derived   ‹‹requirement››<Requirement>
derivedFrom   ‹‹requirement››<Requirement>

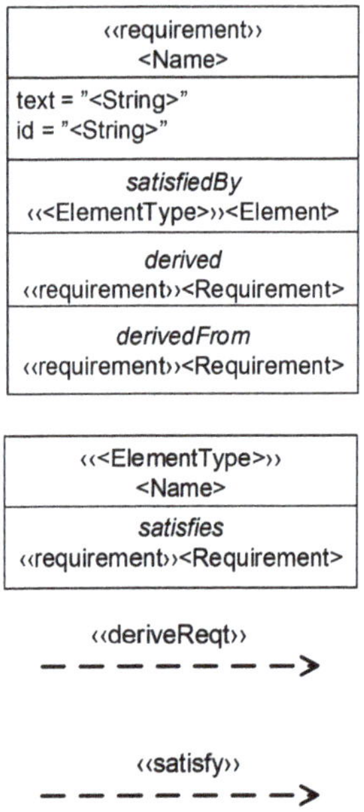

- Eine Anforderung gibt eine Fähigkeit oder Bedingung an, die erfüllt werden muss (oder sollte).
- Jede Anforderung enthält vordefinierte Eigenschaften für ihre Identifizierung und textuelle Beschreibung.
- SysML enthält spezifische Beziehungen, um Anforderungen mit anderen Anforderungen sowie mit anderen Modellelementen zu verknüpfen.
- Wenn die Anforderungen oder die zugehörigen Modellelemente nicht in demselben Diagramm erscheinen, können diese Beziehungen mit Hilfe der Kompartiment-Notation dargestellt werden.

‹‹<ElementType>››   <Name>
satisfies   ‹‹requirement››<Requirement>

- Anforderungen können mit Modellelementen verknüpft sein, die in unterschiedlichen Hierarchien oder Diagrammen erscheinen können.

‹‹deriveReqt››
 — — — — — — —>

- Eine *derive* Beziehung besteht zwischen einer Ausgangsanforderung une einer abgeleiteten Anforderung.

‹‹satisfy››
 — — — — — — —>

- Eine *satisfy* Beziehung wird verwendet um festzustellen das ein Modellelement eine bestimmte Anforderung erfüllt.

Abb. A.7: Notationselemente Anforderungsdiagramm.

A.2.2 Blockdefinitionsdiagramm (BDD)

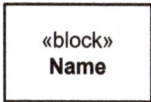

«block»
Name

- **Systembaustein (block)**: Grundlegende Einheit zur Darstellung der Struktur eines Systems oder Teile eines Systems
- beschrieben durch eindeutigen **Namen** und **Stereotyp** «block»
- kann Systemtypen, Systemkomponenten, oder Dinge, welche durch ein System fließen, beschreiben
- kann für logische Abstraktionen und Konzepte stehen
- beschreibt eine Menge gleichartiger Objekte oder Instanzen
- Systembausteine werden sowohl im Blockdefinitionsdiagramm als auch im internen Blockdiagramm verwendet.

Systembausteine können optional durch Eigenschaften (properties) näher beschrieben werden:

- *parts* (Komponenten): beschreiben die **Kompositionshierarchie** des Systembausteins
- *references* (Referenzen): Verweise auf andere **Bestandteile des Systems**; können von mehreren Systembausteinen gleichzeitig referenziert werden.
- *values* (Werte): konkrete **physikalische**, Leistungs- oder andere **Eigenschaften** eines Systembausteins (z.B. Gewicht, Geschwindigkeit).
- *constraints* (Beschränkungen): von außen **vorgegebene Bedingungen**, welche der Block erfüllt
- *operations* (Operationen): Möglichkeiten, um das **Verhalten** des Systembausteins zu beeinflussen (z.B. Aktivitäten)

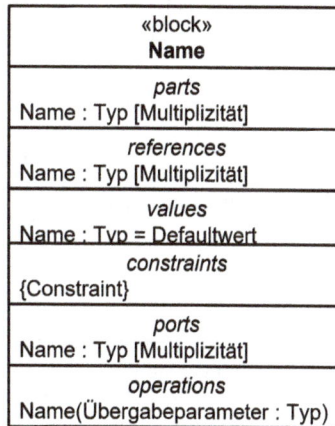

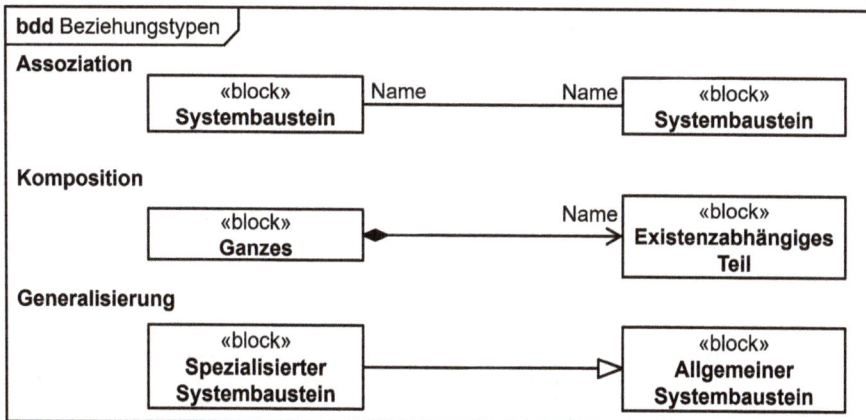

«block»   **Name**
parts   Name : Typ [Multiplizität]
references   Name : Typ [Multiplizität]
values   Name : Typ = Defaultwert
constraints   {Constraint}
ports   Name : Typ [Multiplizität]
operations   Name(Übergabeparameter : Typ)

Abb. A.8: Notationselemente Blockdefinitionsdiagramm (BDD).

A.2.3 Internes Blockdiagramm (IBD)

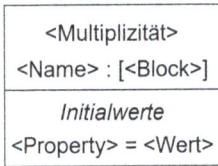

<Multiplizität>
<Name> : [<Block>]
Initialwerte
<Property> = <Wert>

- Die Zusammenhänge zwischen im BDD definierten *parts* eines Blocks werden im IBD dargestellt

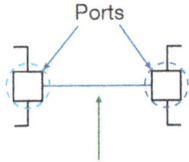

Ports

unspezifizierter Konnektor

- **Ports** sind die Ein- und Ausgänge von Systembausteinen
- Konnektoren verbinden die Ports verschiedener Bausteine, allerdings sind diese Verbindungen noch nicht näher spezifiziert

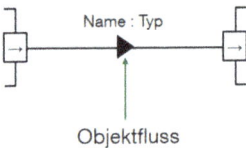

Name : Typ

Objektfluss

- Objektflüsse („item flows") sind näher spezifizierte Konnektoren. Sie beschreiben, welche konkreten Objekte (**Daten**, **Energie**, **Materie**) über eine Verbindung transportiert werden
- Verwendeter Typ muss mit beiden zu verbindenden Ports kompatibel sein

- **Objektflussports** erlauben den Fluss von **Materie**, **Daten** oder **Energie** in/aus Systembausteinen
- Es existieren zwei Arten von Objektflussports:
  - **Atomare Objektflussports**: transportieren nur eine Art von Objekt

Atomare Objektflussports		
Eingang	**Ausgang**	**Ein-/Ausgang**
Name : Typ	Name : Typ	Name : Typ

  - **Nicht-atomare Objektflussports**: charakterisiert durch Objektflussspezifikation («flowSpecification»)
    - Objektflussspezifikation: Zusammenfassung von Ein- und Ausgängen zu Port
    - Konjugiert: Alle Richtungen der Objektflussspezifikation werden umgekehrt (Sender, Empfängerseite)

Nicht-atomare Objektflussports	
Normal	**Konjugiert**
Name : Fluss-Spezifikation	Name : Fluss-Spezifikation

«flowSpecification»
FlussSpezifikation
flow properties
in Name : Typ
out Name : Typ
inout Name : Typ

In **BDD** definiert

Abb. A.9: Notationselemente Internes Blockdiagramm (IBD).

A.2.4 Parameterdiagramm (PAR)

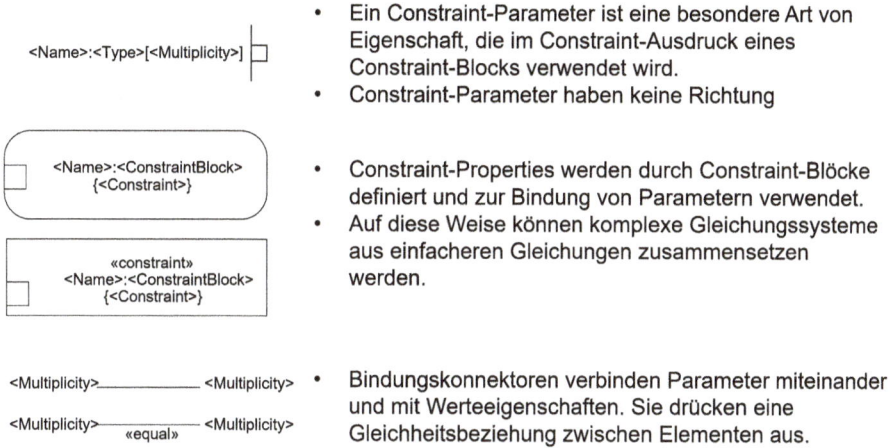

<Name>:<Type>[<Multiplicity>]

- Ein Constraint-Parameter ist eine besondere Art von Eigenschaft, die im Constraint-Ausdruck eines Constraint-Blocks verwendet wird.
- Constraint-Parameter haben keine Richtung

<Name>:<ConstraintBlock>
{<Constraint>}

- Constraint-Properties werden durch Constraint-Blöcke definiert und zur Bindung von Parametern verwendet.
- Auf diese Weise können komplexe Gleichungssysteme aus einfacheren Gleichungen zusammensetzen werden.

«constraint»
<Name>:<ConstraintBlock>
{<Constraint>}

<Multiplicity>————— <Multiplicity>

<Multiplicity>——«equal»—— <Multiplicity>

- Bindungskonnektoren verbinden Parameter miteinander und mit Werteeigenschaften. Sie drücken eine Gleichheitsbeziehung zwischen Elementen aus.

Abb. A.10: Notationselemente Parameterdiagramm (PAR).

B Als Quelldateien bereitgestellte Modelle

Die Tabelle enthält die im Downloadbereich bereitgestellten Quelldateien der Modelle, die Art des Modells, das Werkzeug in dem modelliert wurde sowie den Dateinamen. Den Link zum Downloadbereich finden Sie im Appendix C.

Modellnr. (Abb.-Nr. Buch)	Modelliertes Objekt	Modellart	Modelliert in	Dateiname
2-01 (Abb. 2.1)	Packstation	Konzeptgrafik	PowerPoint	Packstation_Konzeptgrafik.pptx
2-02 (Abb. 2.2)	Packstation	Use-Case	PowerPoint, EA	Packstation_Use-Case.pptx, Packstation.eapx
2-03 (Abb. 2.3)	Packstation–Paket einlegen	Sequenzdia-gramm	PowerPoint	Packstation-Paket-Einlegen_Sequenz.pptx
2-04 (Abb. 2.4)	Packstation-Authentifizieren	Sequenzdia-gramm	PowerPoint	Packstation-Authentifizieren_Seqeunz.pptx
2-05 (Abb. 2.5)	Packstation-Kundeninteraktion	Aktivitätsdia-gramm	PowerPoint, EA	Packstation-Kunden-Interaktion_Aktivität.pptx, Packstation.eapx
2-06 (Abb. 2.6)	Packstation	Klassendia-gramm	PowerPoint, EA	Packstation_Klassen.pptx, Packstation.eapx
2-07 (Abb. 2.8)	Packstation	Objektdia-gramm	Visio	Packstation-Objekt.vsdx
2-08 (Abb. 2.9)	Packstation-Pin-Vergleichen	Zustandsdia-gramm	PowerPoint, EA	Packstation-Pin-Vergleichen_Zustand.pptx, Packstation.eapx
2-09 (Abb. 2.10)	Packstation-Paketstation-öffnet	Sequenzdia-gramm	PowerPoint	Packstation-Paketstation-öffnet_Sequenz.pptx
2-10 (Abb. 2.11)	Packstation-CodeGen	Klassendia-gramm	PowerPoint, EA	Packstation-reduziert_Klassen.pptx, Packstation_CodeGen.eapx
2-11 (Abb. 2.12)	Packstation-CodeGen	Programm-code		Packstation.h, Packstation.cpp
2-12 (Abb. 2.13)	Packstation-CodeGen	Zustandsdia-gramm	EA	Packstation_CodeGen.eapx
2-13 (Abb. 2.14)	Packstation-CodeGen	Programm-code		Authentifizierer.cpp
3-01 (Abb. 3.3)	PPU-Basis	Klassendia-gramm	Visio	PPU-Basis_Klassen.vsdx
3-02 (Abb. 3.4)	PPU-Ablauf	Aktivitätsdia-gramm	Visio	PPU-Ablauf_Aktivität.vsdx

https://doi.org/10.1515/9783111429717-008

Modellnr. (Abb.-Nr. Buch)	Modelliertes Objekt	Modellart	Modelliert in	Dateiname
3-03 (Abb. 3.5)	PPU-Ablauf-Detail	Aktivitätsdia-gramm	Visio	PPU-Ablauf-Detail_Aktivität.vsdx
3-04 (Abb. 3.6)	PPU-Werkstück-Charakterisieren	Zustandsdia-gramm	Visio	PPU-Werkstück-Characterisieren_Zustand.vsdx
3-05 (Abb. 3.8)	xPPU-Wägemodul	Klassendia-gramm	Visio	xPPU-Wägemodul_Klassen.vsdx
3-06 (Abb. 3.9)	xPPU-Wägemodul	Aktivitätsdia-gramm	Visio	xPPU-Wägemodul_Aktivität.vsdx
3-07 (Abb. 3.10)	xPPU-RFID-Scanner	Klassendia-gramm	Visio	xPPU-RFIDScanner_Klassen.vsdx
3-08 (Abb. 3.12)	xPPU-Förderband	Aktivitätsdia-gramm	Visio	xPPU-Förderband_Aktivität.vsdx
3-09 (Abb. 3.13)	xPPU-Förderband	Klassendia-gramm	Visio	xPPU-Förderband_Klassen.vsdx
3-10 (Abb. 3.14)	xPPU-Objektorientiert	Klassendia-gramm	Visio	xPPU-Objektorientiert_Klassen.vsdx
3-11 (Abb. 3.15)	xPPU-Objektorientiert	Objektdia-gramm	Visio	xPPU-Objektorientiert_Objekt.vsdx
3-12 (Abb. 3.17)	xPPU-Basis-Förderband	Objektdia-gramm	Visio	xPPU-Basis-Förderband_Objekt.vsdx
3-13 (Abb. 3.19)	xPPU-PicAlfa-Kran	Klassendia-gramm	Visio	xPPU-Pic-Alfa-Kran_Klassen_var1.vsdx
3-14 (Abb. 3.20)	xPPU-PicAlfa-Kran	Klassendia-gramm	Visio	xPPU-Pic-Alfa-Kran_Klassen_var2.vsdx
3-15 (Abb. 3.21)	xPPU-PicAlfa-Kran	Aktivitätsdia-gramm	Visio	xPPU-Pic-Alfa-Kran_Aktivität.vsdx
3-16 (Abb. 3.22)	xPPU-PicAlfa-Kran	Zustandsdia-gramm	Visio	xPPU-Pic-Alfa-Kran_Zustand.vsdx
3-17 (Abb. 3.23)	xPPU-PicAlfa-Greifen	Sequenzdia-gramm	Visio	xPPU-Pic-Alfa-Greifen_Sequenz.vsdx
3-18 (Abb. 3.24)	xPPU-Steuerung-Test	Sequenzdia-gramm	Visio	xPPU-Steuerung-Test_Sequenz.vsdx
3-19 (Abb. 3.25)	xPPU-PicAlfa-Überholen-Test	Sequenzdia-gramm	Visio	xPPU-Pic-Alfa-Überholen-Test_Sequenz.vsdx
3-20 (Abb. 3.26)	xPPU-PicAlfa-Fehlerszenarien	Sequenzdia-gramm	Visio	xPPU-Pic-Alfa-Fehlerszenarien_Sequenz.vsdx
3-21 (Abb. 3.27)	xPPU-PicAlfa-Steuerung-Test	Sequenzdia-gramm	Visio	xPPU-Pic-Alfa-Steuerung-Test.vsdx

Modellnr. (Abb.-Nr. Buch)	Modelliertes Objekt	Modellart	Modelliert in	Dateiname
3-22 (Abb. 3.28)	xPPU-PicAlfa-Überholen-Test-Gesamt	Sequenzdia-gramm	Visio	xPPU-Pic-Alfa-Überholen-Test-Gesamt_Sequenz.vsdx
3-23 (Abb. 3.29)	xPPU-Kran	Anforde-rungsdia-gramm	Visio	xPPU-Kran-Anforderung_ver1.vsdx
3-24 (Abb. 3.30)	xPPU-Kran	Anforde-rungsdia-gramm	Visio	xPPU-Kran-Anforderung_ver2.vsdx
3-25 (Abb. 3.31)	xPPU-Kran	Anforde-rungsdia-gramm	Visio	xPPU-Kran-Anforderung_ver3.vsdx
3-26 (Abb. 3.32)	xPPU-Kran-Drehen	Sequenzdia-gramm	Visio	xPPU-Kran-Drehen_Sequenz.vsdx
4-01 (Abb. 4.5)	xPPU-Funktional	BDD	EA	xPPU-Pic-Alfa_var1.eapx, *Pfad: Functional View; Draft/Design*
4-02 (Abb. 4.6)	xPPU-Funktional	IBD	EA	xPPU-Pic-Alfa_var1.eapx *Pfad: Functional View; «block xPPU»; Functional View*
4-03 (Abb. 4.7)	xPPU-PicAlfa-Synchronisierung	Weg-Zeit-Diagramm	PowerPoint, in EA eingebettet	xPPU-Pic-Alfa-Synchronisierung_Weg-Zeit.pptx, xPPU-Pic-Alfa_var1.eapx *Pfad: Functional View; «block xPPU»; PA_movement*
4-04 (Abb. 4.8)	xPPU-PicAlfa-Überholen	Sequenzdia-gramm	EA	xPPU-Pic-Alfa_var1.eapx *Pfad: Functional View; «block xPPU»; «InterfaceBlock» PA_movement; SequenceDiagram*
4-05 (Abb. 4.9)	xPPU-PicAlfa-Verzögerungen	IBD	EA	xPPU-Pic-Alfa_var1.eapx *Pfad: Logic Control View; «block xPPU»; Physical Control View*
4-06 (Abb. 4.10)	xPPU-Steuerungssicht	BDD	EA, mit PowerPoint bearbeitet	xPPU-Pic-Alfa_var1.eapx, xPPU-Steuerungssicht_BDD.pptx *Pfad: Logic Control View; Logic Control View*
4-07 (Abb. 4.11)	xPPU-Steuerungssicht	IBD	EA	xPPU-Pic-Alfa_var1.eapx *Pfad: Logic Control View; «block xPPU»; Logic Control View*
4-08 (Abb. 4.12)	xPPU-	PAR	Visio	xPPU-Pic-Alfa-Movement-Time_PAR.vsdx

Modellnr. (Abb.-Nr. Buch)	Modelliertes Objekt	Modellart	Modelliert in	Dateiname
4-09 (Abb. 4.13)	xPPU-Mechanische Sicht	BDD	EA, mit PowerPoint bearbeitet	xPPU-Pic-Alfa_var1.eapx, xPPU-Mechanische-Sicht_BDD.pptx *Pfad: Mechanical View; Mechanical View*
5/6-01	Verschiedene	Verschiedene	PowerPoint und Visio	Uebungsaufgaben+Loesungen.pptx *(Visio-Dateien in PowerPoint eingebettet)*
5/6-02	Abfüllstation	Aktivitätsdiagramm	EA	Loesung-Abfuellstation_Aktivitaet.eapx
5/6-03	Ticketkauf	Zustandsdiagramm	EA	Loesung-Ticketkauf_Zustand.eapx

C Anweisungen für das Modellierungstool Enterprise Architect

Unter folgendem Link bzw. Scancode finden Sie die Anweisungen für das Modellierungstool Enterprise Architect sowie die in Appendix B aufgelisteten Quelldateien:

https://www.degruyter.com/document/isbn/9783111429717/html

Hinweis: Die Anleitung wurde für die Enterprise Architect (EA) Version 15 erstellt.

https://doi.org/10.1515/9783111429717-009

Abbildungsverzeichnis

https://doi.org/10.1515/9783111429717-010

Tabellenverzeichnis

https://doi.org/10.1515/9783111429717-011

Literatur

[1] Institute of Automation and Information Systems, *The Extended Pick and Place Unit (xPPU)* (2023). [Online]. Available: https://github.com/x-PPU.

[2] B. Vogel-Heuser, C. Legat, J. Folmer, and S. Feldmann, "Researching Evolution in Industrial Plant Automation: Scenarios and Documentation of the Pick and Place Unit," Institute of Automation and Information Systems, Technische Universität München, 2014.

[3] B. Vogel-Heuser, S. Bougouffa, and M. Sollfrank, "Researching Evolution in Industrial Plant Automation: Scenarios and Documentation of the extended Pick and Place Unit," Institute of Automation and Information Systems, Technische Universität München, 2018.

[4] M. Seidl, M. Scholz, C. Huemer, and G. Kappel, *UML @ Classroom*. Cham: Springer International Publishing, 2015.

[5] S. Friedenthal, A. Moore, and R. Steiner, *A Practical Guide to SysML: The Systems Modeling Language*, 3rd ed.: Morgan Kaufmann, 2015.

[6] Object Management Group. "What is SysML?" [Online]. Available: https://www.omgsysml.org/what-is-sysml.htm.

[7] T. Aicher, J. Fottner, and B. Vogel-Heuser, "A model-driven engineering design process for the development of control software for intralogistics systems," *Automatisierungstechnik*, vol. 70, no. 2, pp. 164–180, Feb. 2022.

[8] Sparx Systems, *Enterprise Architect* (2023). Sparx Systems. Accessed: 2024. [Online]. Available: https://www.sparxsystems.com/products/ea/index.html.

[9] Sparx System Central Europe. "Enterprise Architect in 30 minutes: How popular is Enterprise Architect now?" [Online]. Available: https://www.sparxsystems.eu/enterprise-architect/ea-overview-features/enterprise-architect-in-30-minutes.

[10] D. Pantförder, F. Mayer, C. Diedrich, P. Göhner, M. Weyrich, and B. Vogel-Heuser, "Agentenbasierte dynamische Rekonfiguration von vernetzten intelligenten Produktionsanlagen," in *Handbuch Industrie 4.0*, vol. 9, B. Vogel-Heuser, T. Bauernhansl, and M. ten Hompel, Eds., Berlin, Heidelberg: Springer Berlin Heidelberg, 2016, pp. 1–14.

[11] K. Kernschmidt and B. Vogel-Heuser, "An interdisciplinary SysML based modeling approach for analyzing change influences in production plants to support the engineering," in *IEEE International Conference on Automation Science and Engineering*, 2013, pp. 1113–1118.

[12] B. Vogel-Heuser, D. Schütz, T. Frank, and C. Legat, "Model-driven engineering of manufacturing automation software projects – a SysML-based approach," *Mechatronics*, vol. 24, no. 7, pp. 883–897, 2014. doi: https://doi.org/10.1016/j.mechatronics.2014.05.003.

[13] K. Kernschmidt, S. Feldmann, and B. Vogel-Heuser, "A model-based framework for increasing the interdisciplinary design of mechatronic production systems," *Journal of Engineering Design*, vol. 29, no. 11, pp. 617–643, 2018, doi: https://doi.org/10.1080/09544828.2018.1520205.

[14] ECLASS, ECLASS e. V., 2023. [Online]. Available: https://eclass.eu/eclass-standard.

[15] REXS: Reusable Engineering Exchange Standard, 1.6, FVA Software & Service GmbH. [Online]. Available: https://www.rexs.info.

[16] S. Rösch, D. Tikhonov, D. Schütz, and B. Vogel-Heuser, "Model-based testing of PLC software: test of plants' reliability by using fault injection on component level," *IFAC Proceedings Volumes*, vol. 47, no. 3, pp. 3509–3515, 2014. doi: https://doi.org/10.3182/20140824-6-ZA-1003.01238.

[17] D. Tikhonov, D. Schütz, S. Ulewicz, and B. Vogel-Heuser, "Towards Industrial Application of Model-driven Platform-independent PLC Programming Using UML," in *40th Annual Conference of the IEEE Industrial Electronics Society (IECON)*, Oct. 2014, pp. 2638–2644.

[18] B. Vogel-Heuser, E. Trunzer, D. Hujo, and M. Sollfrank, "(Re-)deployment of smart algorithms in cyber-physical production systems using DSL4hDNCS," *Proceedings of the IEEE*, vol. 109, no. 4, pp. 542–555, 2021, doi: https://doi.org/10.1109/JPROC.2021.3050860.

https://doi.org/10.1515/9783111429717-012

[19] B. Vogel-Heuser et al., "SysML' – incorporating component properties in early design phases of automated production systems," *At-Automatisierungstechnik*, vol. 72, no. 1, pp. 59–72, 2024. doi: https://doi.org/10.1515/auto-2023-0099. [Online].

[20] S. Bougouffa, B. Vogel-Heuser, J. Fischer, I. Schaefer, and F. Li, "Visualization of variability analysis of control software from industrial automation systems," *IEEE SMC 2019*, 2019.

[21] B. Vogel-Heuser, E. Neumann and J. Fischer, "MICOSE4aPS: industrially applicable maturity metric to improve systematic reuse of control software," *ACM Transactions on Software Engineering and Methodology (TOSEM)*, vol. 31, no. 1, pp. 1–24, Jan. 2022.

[22] D. Schütz, "Automatische Generierung von Softwareagenten für die industrielle Automatisierungstechnik der Steuerungsebene des Maschinen- und Anlagenbaus auf Basis der Systems Modeling Language," Technische Universität München, 2015. [Online]. Available: https://mediatum.ub.tum.de/1232184.

[23] K. Kernschmidt, S. Feldmann, and B. Vogel-Heuser, "Interdisziplinäre Modellierung – Lebenszyklusorientierte Strukturdarstellung variantenreicher mechatronischer Systeme," *Automatisierungstechnische Praxis (atp)*, vol. 57, no. 05, pp. 32–39, May. 2015.

Stichwortverzeichnis

https://doi.org/10.1515/9783111429717-013

www.ingramcontent.com/pod-product-compliance
Lightning Source LLC
Chambersburg PA
CBHW081539220326
41598CB00036B/6489